人文梅陇丛书

蒋星煜 著

品茶的感悟

上海人民出版社

编委会

总 序

“人文梅陇丛书”与读者见面了，这是梅陇镇打造群众文化、培育人文精神、践行社会主义核心价值观所做出的一个新尝试，也是闵行区当前大力推进文化建设的一个缩影。

这是一套涵盖社会、文化、生活诸方面并且充满乡土气息的丛书。文章的每一位作者都是生活于同一片热土的梅陇人。在他们中间，有的是笔耕不辍的知名作家，有的是初出茅庐的草根一族，有的是忙碌而充实的“小巷总理”，还有的是长期工作在一线的基层工作者。他们用不同的视角和表达方式向我们展示了一道温馨而朴素的人文风景。他们告诉我们：在身处并不缺少物质滋养的年代，什么是好的生活方式？究竟应该怎样生活才算幸福，或者为了幸福该怎样生活？在真正的幸福生活中，又包含了哪些可贵和必需的人文内涵？在社会转型时期，他们所表达的这份坚守无疑是非常珍贵的。

党的十八大指出：“文化是民族的血脉，是人民的精神家园。全面建设小康社会，实现中华民族伟大复兴，必须推动社会主义文化大发展、大繁荣，兴起社会主义文化建设新高潮，提高国家文化软实力，发挥文化引领风尚、教育人民、服务社会、推动发展的作用。”如果说文化是一个民族的根和魂的话，那么，人文精神就是一个民族、一个社会、也是每个人最核心的文化。因为，一个国家的强大，首先是价值认同和文化归宿的加强。

习近平同志指出：“把培育和弘扬社会主义核心价值观作为凝魂聚气、强基固本的基础工程，继承和发扬中华优秀传统文化和传统美德，广泛开展社会主义核心价值观宣传教育，积极引导人们讲道德、尊道德、守道德。追求高尚的道德理想，不断夯实中国特色社会主义的思想道德基础。”核心价值观，是执政党凝聚人心民力的实现载体，推进基层文化建设必须落脚在核心价值观的内化人心，使最大公约数的价值认同在老百姓的精神世界里日用而不觉、信守而不疑，践行而不惑。

在大力倡导践行社会主义核心价值观和加强社会治理的当下，丛书的推出具有相当的现实和实践意义。它不仅说明发展群众文化大有作为，更深远的意义在于：在社会管理创新中重构当代人文精神将更有利于促进社会稳定、实现社会和谐。

是为序。

中共闵行区委书记 

序

蒋星煜先生的茶文章

潘向黎

蒋星煜先生博学，如今这样的人太少了，以至于我一时找不到一个恰切的词语来概括或者赞美。一般人可能会想到“杂家”，我一向对这个词有点模糊的戒心，终于前些天得到印证——在写吴小如先生的文章里看到，作者当面说小如先生是“杂家”，小如先生马上纠正说“杂家是一个贬义词”，所以我断乎不敢用这个词来说蒋先生，记得《红楼梦》里有“博古通今”之语，那么，我想说：蒋星煜先生是一位博古通今的学者、作家。

蒋先生今年95了，不久前我收到他惠赠的《蒋星煜文集》，煌煌八卷，490万字，令人叹为观止，这位著名学者、作家在岁月的长河中不断寻觅，终于积累成数量如此惊人的成果。这是凭一己之力建造起来的一个桃花源，令人赞叹，令人神往。

但是我怀着赞叹翻阅过后，却有了小小的遗憾：除了《戏曲与茶文化的互动作用》一篇论文，怎么不见蒋先生其他的“茶文章”？所以，当一个月之后，蒋先生来信，说要出一本关于茶的书，我就有了一种“理当如此”和“果不其然”的双重高兴。

蒋先生从20世纪60年代起就和《文汇报》渊源很深，而我这个晚辈90年代末才到《文汇报》工作，从退休的前辈同事手中接过使命，荣幸地成了蒋先生的责任编辑。尤其令人惊喜的是，作为一个爱茶成痴的人，我发现蒋先生还是一位在茶史、茶文化研究上造诣很深的专家。这些年，蒋先生仅刊发在《文汇报》上的“茶文章”就有《张岱的茶艺造诣》《说“沱茶”》《陈眉公佘山品茶》《茗粥　绿雪　名泉》《六安瓜片之谜》《刘基与日铸茶、平水茶》《林确斋与林茶》《叹茶之叹》……真是眼界广阔、发掘深入、见解真切，而且行文趣味盎然，时常让人为他始终保持的活泼泼的心性而欣喜。

当然，最体现他“茶文章”功力的当数《戏曲与茶文化的互动作用》。这是一个相对冷僻的专题，蒋先生从“戏曲对茶文化的反映”“茶文化促使采茶戏的诞生”“茶坊演剧与戏馆供茶”等几个方面，从堆积如山的史料中探隐钩沉，目光如炬，笔力清雄，真是令人大开眼界，获益良多。至今还记得第一次读这篇文章的感受：真是如行山阴道上，应接不暇。更记得其中一些精彩的内容，如论及“三千茶”的花费、“社前春”的涵义以及一些杂剧将茶商的姓名定为“江洪”的原因等，至今难忘。

蒋星煜先生温文尔雅，对晚辈后学一向礼下谦和，这次这本关于茶的书，竟然命我作序。我自知才疏学浅、辈分也低，起初十分惶恐，但思来想去，如此高德高寿的前辈的吩咐，还是应该“恭敬不如从命”。在这里主要想表达我对蒋星煜先生的敬意，还有一个爱茶之人即将读到他结集成册的“茶文章”的喜悦之情。

蒋星煜先生喜欢《玉簪记》中道姑奉茶的说白：“才烹蟹眼，又煮云头。琥珀浮香，清风数瓯。茶在此间。相公请茶。”蒋先生认为

“不但书雾腾腾，而且说的是点茶行家语言”。这也可以视作写茶文章的蒋先生的夫子自道。

衷心祈愿蒋星煜先生在“琥珀浮香，清风数瓯”的妙境中继续品茶著文，给我们带来更多如品佳茗、如沐惠风的享受。

目　录

茶事梦忆

童年茶趣

生平不爱烟酒，也不懂烟酒，对茶则爱之甚深。尤其嗜好明前、雨前的绿茶。一杯在手，对我来说，就可以涤烦忘忧。随着年岁的增长，对茶的兴趣也在增长。

这种嗜好，早在童年时代即已养成。家乡溧阳，是太湖西边的一个小城，清代也出过状元马世俊、宰相史贻直，清末民初有一位狄平子，在上海创办了有正书局。据外祖父孙汾卿说溧阳的文风和饮茶的风气有着微妙的关系。

溧阳的茶风特盛，街市上的店铺则以茶馆的数量居第一位，而且都有一个非常文雅的名称，诸如金盘露、淇香阁之类。有几家还树了“卢陆遗风”的泥金匾额，字体看上去潇洒而有韵味，颇能引起人们思古之幽情。

我在童年时代就成为茶馆中的常客，则是外祖父的破格“提携”。他是清末民初废书院改学校后的书院小学第一任校长，还上南京做过孙中山警卫团里的文职军官。

大概由于他过于自负，日子过得不舒畅，经常喜欢发牢骚，而且每天要有一半时间消磨在茶馆里。我在小学读书时，一放学就被他带进茶馆了。星期天则早晨就随他去茶馆，早餐也在茶馆里吃。

那是一个全城最大的茶馆，分前后两进，前进相当宽敞而进深，好摆十几张大方桌，茶客都是四乡八镇的农民，整个上午吵吵闹闹，大热天则汗气蒸腾，赤膊的也不少。再进去是个长方形的天井，经过天井，到了后进。外祖父喝茶的地方就在这里。在前面喝茶的农民从不越“雷池”一步。

后进比前进的面积小些，向天井这一面朝南，阳光很充分，沿东、西、北三面的墙壁都是一排藤躺椅，喝茶的客人当然也有坐着的，但仍以躺着的居多数，海阔天空地谈着，真正喝茶的时候，才坐起来。

这里的茶客都是熟面孔，绝少陌生人，用当时的说法，都属于乡绅阶层。例如中学校长，或者是中医、西医的权威，或者是颇有名声的画家、书法家，有的人虽然没有特殊的经历或长处，但儿子是北大或清华毕业的，父亲躺在这里，也就心安理得了。

茶的品种比较单一，基本上是西湖龙井，只有少数人喝祁红。每到夏天，也供应菊花。春天在这里品尝新茶，整个厅堂飘溢着清香，多闻闻也是一种享受。如果茶客抽水烟或香烟的多了，新茶的清香不免受到污染，但这种情况毕竟难得发生。

我是惟一的儿童茶客，日子一长，大家也见怪不怪了。有时偶尔也有人出乎好奇，问我一些问题考考我，我总是看外祖父的脸色行事，然后决定是否回答，怎样回答。

外祖父和外祖母以及子女们共同语言都极少极少，所以才经常找我对话，讲些有关古典文学的轶事或历史掌故给我听，发现我很感兴趣，他才带我进茶馆的。到了茶馆里，他可以有充分的时间讲给我听。

去喝茶，一开始，我无所谓，听外祖父的吩咐罢了。后来，我也自觉自愿了。茶当然在家里也可以喝，但茶馆里别有一番气氛，用的水也不错，据说是城外挑来的。

堂倌中冲茶的姿势和技巧看上去既熟练又优美，简直可以说是一种舞蹈。小天井里，有一位中年人在用大砍刀劈松树树干，两条手臂的肌肉令我很羡慕。

茶客们谈论诗文书画的时候虽然不多，但是旧货店老板偶然得到他认为可能值钱的文物，总是用布包袱包好，带到这里请求鉴别，找寻买主，这时，茶馆便成了野路子的文物研讨会了。我一旁听着听着，也获得了一些有关文物的知识。

就在“9·18”事变那年，我从小学毕业。而溧阳这座水乡小城也仿佛在民族深重灾难中惊醒过来。从此，我没有再随外祖父上茶馆，但我一生，对茶的爱好，则渊源于此。

（原载《解放日报·朝花》，1998 年）

古镇·长夜·苦茶

茶，对我来说，确是一生中始终相伴的良友，在任何时期都不例外。但有时候，情调特别凄凉，饮用的茶也特别浓，特别苦。这倒不是摹仿古人的风流韵事，或对苦茶有一种嗜好，乃是别有苦衷。

1940年冬，我取道香港去大后方，因为广州等地早被日寇占领，我们这些人是冒险乘机帆船在沙鱼涌偷渡登陆的。以后就是沿东江上溯，到龙川再折向西。除了从韶关到柳州能乘坐时停时开的火车之外，从柳州去四川又是坐汽车了。

因为时刻担心日寇轰炸，生活都乱了套。交通呢？有时坐单车（广东人称自行车为单车）。开汽车的都是个体户，谁也不知其底细。偶然一段路程有国营中国运输公司的车子，却更不可靠，时间车票都没有明确的规定，抛锚一抛就是几天。

我们在这种条件之下旅行，既怕日寇轰炸，不敢进大城市，又怕土匪盗贼散兵游勇抢劫，也不敢在荒村野渡多停留。虽然严守“未晚先投宿，鸡鸣早看天”的规矩，往往一二十家客栈早客满了。于是只能在店堂口或走廊里坐着过夜，不停地喝苦茶，以避免睡着跌下去。

比较大的客栈，堂口很宽敞。天冷时，中间放一个大炭盆，盆上支起铁架子烧水。四周安放一些椅子或躺椅，让没有床位的旅客休息或打盹。当然，客栈也稍稍收一点钱。我们旅客都乐意，比露天过夜舒适多了。

为什么要喝苦茶呢？茶不浓，力道便不足，仍旧驱不走睡魔，所以茶的品种可以不计较，但一定要浓得发苦，越苦越好。多喝几杯，就可以保证精神饱满地高谈阔论起来，而且越谈越有劲。

萍水相逢的旅客，对茶叶也特别慷慨大方，喝谁的谁都毫不支吾地拿出来，不说二话。茶具呢？笑话更多，有的竟是大号搪瓷杯，因为此杯要兼作洗脸之用，太小了，不行。

快到午夜时分，往往客栈的老板或老板娘睡觉去了，这加炭、烧水、斟茶等杂务，就由我们旅客自己全部承担了下来。仿佛自己成了客栈的主人，也有一种满足感。

这样喝苦茶，很快便尝到了甜头。因为当时既无广播可听，也看不到报纸，更不用说广告了。前面这一段路是否安全？最近这一带谁的车子信誉最好？甚至哪一家小店吃饭最经济实惠，也都靠这通宵茶会中交流信息，然后就可以结合个人的情况做出选择。

这些共同关心的话题之外，跑单帮的就谈贩什么货能赚钱。也有人谈什么地方有土娼可找，谈得眉飞色舞。文化界的旅客也偶尔谈到唐诗宋词之类，曲高和寡，只能成为小组会。

通宵茶会也是特别的社交沙龙，共同语言一多，马上拉近了彼此的距离。我在广东老隆的通宵茶会上结识了厦门大学的杨农荪、姚开元两教授，他们即将回长汀去。知道我旅费不充足，主动借了一笔款子给我，我到重庆后才汇去归还他们。

1946 年，我从重庆取道川北过秦岭回上海，大部分路程重演了 1940 年的历史。

想起在古镇喝苦茶度长夜的岁月，真的已如梦般遥远了。

（原载《劳动报》，1998 年）

巴山茶话

四川是中国名茶的产地之一，蒙顶就是见载于典籍的古代佳品。再说苏东坡品茶艺术之高，几乎不亚于茶圣卢仝、陆羽。

抗战胜利的第二年，亡友阎哲吾写过一篇《山城情调》，有三分之一篇幅就是谈重庆的茶风，说起袍哥（地方秘密结社）常以茶馆为集中聚会之地，也谈到当年生活贫困的作家苦于斗室难以容膝，往往孵在茶馆中一整天写文章，以茶馆为书房了。这些也都确有其事，我觉得都市以外的茶馆更具野趣。时隔60年，我记忆犹新。

住在南温泉时，星期天我总爱上渔洞溪那个小镇喝早茶。曙色尚未映透纸窗时，我便在迷雾中摸索上路了。走不了一个时辰，便到了渔洞溪。

那茶馆不止一家，有的招牌都没有，但家家都坐满了。好在我是一个人，和人家好好商量，弄一席之间也不难。茶客都是农民、渔民，多少带了一点准备出售的山货或水产。喝的茶呢？清一色是四川土产的沱茶，虽然清香不及龙井、碧螺春，但耐泡，七八开之后，味仍浓，颜色也浓，农民和渔民对之十分喜爱。因为产于当地，值钱也低廉。

在这种情况之下，我往往是茶桌上惟一的下江人，或者是整个茶馆惟一的下江人，听他们相互之间的交谈，能聆听到民间特别的幽默而风趣的语言，机智而含蓄，不亚于四川籍的作家或教授，或者说，各有特色吧!

农民、渔民见我是穷学生的模样，也不对我见外，听到我对沱茶的高度评价，更拉近了彼此的距离。我说："沱茶硬是要得。"他们说："你这个下江娃子硬是要得。"

有一天，茶刚吃了一开，两个猎户模样的人吆喝着抬进一只血渍未干、金钱图案斑斓的美丽的豹子，说是午夜刚捕捉到的，开了三四枪才将它打死。居然过来围观的人也有限，因为经常有茶客抬进猎物，不过不一定是豹子，有时是山猫或豺狗、猪獾罢了。我则对之深感兴趣，仿佛进了《水浒传》所描绘的世界。

我于 1944 年从南温泉移居北温泉，生活更为闲散，春秋两季，只要不下雨，我总是走十多里山路，上澄江口（也叫澄江镇）去喝茶。虽然是山路，却是沿着嘉陵江而蜿蜒曲折地延伸的，所以仍可不时透过浓荫看到江上的帆樯，听到雄壮而悲凉的船夫曲，一路上并不寂寞。

澄江口，是四川军阀蓝文彬经营的一个大煤矿的所在地，商店林立，呈现出闹忙景象。

嘉陵江在澄江口忽然来了一个 90 度的直角急转弯。水势的汹涌就像万匹骏马同时跳跃一个又一个的高栏，临高下望，巨浪翻滚，水花飞溅，直扑峭壁，而顺流而下的船只快如离弦之箭，惊心动魄之至。澄江口最大的茶馆，就开设在这个直角急转弯的悬崖之上，地点的选择的确颇具慧眼。

茶馆题名曰"韵流"。而且是露天的，充分利用的话，可以摆上大大小小二三十张桌子。每逢下午，整个“韵流”都沐浴在阳光之下，到余晖收尽时，茶客才恋恋不舍地散去。

“韵流”因为附近有许多内迁的单位，茶客就不以当地的矿工或农民为主了，画家、戏剧家、作家往往也在这里出现。旁边有时也供应一些书报，我第一次看见连环画报的《武训》，就是在“韵流”。

在这里喝茶，可以暂时忘却现实生活中的灾难与痛苦，觉得嘉陵江中的江水固然是雄伟的“韵流”，而杯中的沱茶也未始不是微型的“韵流”也。

时间过去了整整60年，可以肯定渔洞溪现在也是高楼大厦鳞次栉比了。澄江口的“韵流”也会成了星级宾馆的茶园。这些，当然是社会的进步，可喜可贺。如果去找当年野趣的话，恐怕只有失望和惆怅了。要两全其美，那是很难很难啊！

（原载《澳门日报》，1998年）

上狮峰品龙井

去年 11 月，杭州胡庆余堂的王建华请我们去龙井品茶，我说："龙井品茶已经多次了，不去也罢！"

他说："保证这次品尝更地道。"情不可却，我们离开湖滨上路，到了龙井，车仍不停，直奔狮峰而上，到了一处陡坡之下，这才刹车。沿狮峰路爬坡了，到了狮峰 26 号，迎面遇见一位妇女，王建华对我耳语："她就是狮峰的阿庆嫂。"

我以为就在此品尝了，哪知还要向上攀登。我们途经著名的文物古迹"十八棵御茶"，这里已把"御茶"用围墙圈好，我们进门观赏，逗留了良久。当年乾隆皇帝非常欣赏的 18 棵茶树居然能保存到今天，狮峰的茶农功不可没啊！

现在薄雾笼罩着整个狮峰，朦胧中的绿色显得带有一点童话趣味。而那茶树上的叶片虽然已不是稚嫩的一旗二枪，却因雾气的熏陶，呈现出滋润的光泽，散发出若有若无的清香。此刻，我已经能够约略领会到古代茶圣卢仝陆羽他们的乐趣和精神享受的丰厚。

当我们再沿山路爬到一处既无招牌，也无装饰的茶室时，狮峰的阿庆嫂早已把狮峰泉煮好，我们刚落座，就为我沏好了茶。

虽是秋茶，其色其味，却并不逊于春茶。再放眼望去，满山的绿色和杯中的绿色似乎在争奇斗俏。作为茶客，原无评判的资格，只是觉得造物主对我的厚赐太多了。

原来茶之所以如此沁人脾胃，原因不止一端，环境之幽雅固然起了作用，更主要的是用了狮峰泉水。我们走到四五十步之外，废圮的胡公庙的墙脚边上，看到了一个小潭。小潭水面上免不了有树叶或花瓣之类的飘浮物，但是潭和泉水的出口处之间，还有一个较高的“过道”，这里可真是最天然的净水。阿庆嫂为我们沏的茶，就是在这里取的泉水。

泉水在这里洁莹得像液体的水晶，打个不恰当的比喻，就像养在深闺的少女，天真而纯洁。古诗云：“在山泉水清，出山泉水浊。”我从狮峰泉又得到了一次验证。

据说龙井中的水即渊源于此，因为出山之后，又经过一段流程，所以可口的程度略逊于狮峰泉一筹，仍不愧为沏茶用水的上选。这是由于狮峰泉出口处的小潭以及流程所经之处还是比较僻静，没有豪客或顽童去投掷硬币之类的东西，泉水没有受到太多的污染。

我们在品茶时不仅饮水思源，也深深感激种茶的茶农，保护好生态环境，使茶树茁壮成长，也是非常辛劳的。王建华却向我透露了使我忧心忡忡的信息：原来开发部门已在打狮峰山坡这一片“净土”的主意，要在这里兴建什么疗养院了。我想：杭州的疗养院还少吗？再兴建也可，何必在狮峰动工呢！

明年再来，是不是还能见到狮峰泉的泉眼？是不是还能见到“十八棵御茶”？谁知道呢？

再谈下去，我知道得更多更多，原来这位阿庆嫂本来就是负责管理“十八棵御茶”的，上面命令她拆迁，她把“十八棵御茶”以及左近的茶树看得比自己的孩子还可爱，她不忍看到这一片绿色的茶山和一泓洁莹的泉水都和“十八棵御茶”的茶园幻变成钢筋水泥的建筑物，因此她在据理力争无效之后，她最后的一条路就是不接受限期拆迁的命令。上级于是先来一个杀手锏，剥夺了她管理“十八棵御茶”的职务，使她十分伤心。

知道了这些事情，多少有些扫兴。同时，又觉得这一次狮峰品茶，格外应该珍惜。

午饭时分，我们仍不愿离开狮峰，能多赖片刻也好。央请阿庆嫂随便弄点什么给我们吃吃，她欣然允诺，很快就弄了出来，除了种种新鲜的蔬菜之外，还有非常嫩的豆腐和笋尖。

到了下午，我们要赶回上海的火车，非起程不可了。依依不舍地下山来，进入面包车中。回首一望，蒙蒙细雨成了美妙无比的帘幕，而狮峰仿佛在虚无缥缈之间。送行的阿庆嫂在擦眼睛，不知是雨水，还是泪水。

（原载《澳门日报》，2000 年）

佘山深处闻茶香

如今，上海成了国际性的大都市。海拔不过百米的佘山虽然距市中心不到30公里，却毫无喧嚣而山水宜人。如果选择近郊休闲度假，佘山往往是人们的第一选择。

去年深秋再上佘山，由于年老力衰，刚进山门，就想休息片刻再拾级而上。于是，进入竹林边上的“山人茶庄”就座了，原来只想喝上一两开就走，哪知茶的色、香、味都不同凡响，我迅速改变了主意，打消了登山的念头。向招待人员询问，原来茶叶产自本山。

今年清明的翌日，我们启程前往佘山，车子在万绿丛中爬进了茶场的中心枢纽。

茶场的负责人老朱，为我们沏上两杯地地道道的明前茶。

果然，刚采摘的刚炒烘的明前茶，特别娇嫩，一经冲泡，立刻瓣瓣伸展开来，随之鲜嫩的草绿色逐渐逐渐洒满了整个瓷杯，而此时此刻，十分淡泊的香气也就随之而飘浮到空气中。品尝之下，觉得其味则较香气更淡泊一些。但是，咽下之后，仍有回味，丝丝微微，似断似续。

我立刻产生了疑问：这茶分明属于龙井系列，怎能是佘山的本山茶呢？佘山原以松萝称著，在明代已有记载了。老朱为我解开疑团。原来西佘山在20世纪70年代就引进了龙井8万株。而1994年又从杭州梅家坞引进“龙井四十三”（优质名种）2万株，经过精心培育管理，不仅没有发生“桔逾淮而为枳”那种异化，反而色、香、味三方面都有了些许提高。去年在全国范围的评比中，佘山引进的“龙井四十三”比梅家坞当地的“龙井四十三”还高出了半级。

他们已经打出了“上海龙井”的品牌，但现在只有这2万株属于极品，年产量极少，还无法大量上市供应。

我且听且喝，第二开更入佳境，色泽仍旧并未加深，但香气则稍稍浓了一些，到了口中，感觉上厚实了一些，回味也足够我们细细辨尝了。

老朱带我们到了炒茶的屋子，三位茶农分别在用手轻轻地将娇嫩的茶在锅中翻滚。他们的手就像慈母抚摸婴孩那样充满爱心。是啊！他们生怕用力稍一不匀，会把茶叶碰碎。至于用手而不用其他工具，则是因为手对温度很敏感，比较能掌握其精确度。

出了炒茶的房间，继续寻根，到了种植“龙井四十三”的茶园。这里大约海拔50米，在大片修竹丛中开辟出来的一块宝地。其周围仍是茂密的竹林，只有一面是老朱种上的香樟。

老朱懂得茶的性格、风格，不喜爱和不上品的花草树木打交道。或者说，茶树非常洁身自好，很怕受到某些不良的植物的纠缠或污染。而竹和香樟都是十分受到人们爱护的植物，所散发的气息也都清幽高洁。据老朱说，山下附近的工厂也都搬迁走了，所以这里空气的质量绝佳。棵棵茶树都绿里透出光泽，茶叶自然比杯中的、锅中的又多了一分清新之感。要说茶树上的茶叶会散发香气，那也许近乎夸张，但我却有幻觉。茶园中的香气既不是清润，也不是清爽，是一直远离尘嚣才有的清幽。我想佘山的“龙井四十三”所以能青出于蓝而胜于蓝，也许由于在接受阳光雨雾的恩赐时，茶树和修竹、香樟之间有了某种微妙的交流和沟通，因之，上海龙井日积月累地受到了耿介拔俗的修竹、香樟的熏陶，所以在色、香、味三方面都呈现出了异彩。

（原载《澳门日报》，2000 年）

怡情养生之道

美化心态的茶

我觉得唐宋以来，古人对于“茶”在解渴以外的潜在功能的探索实际上偏重在心理健康方面，今天人们在大力提倡进行“茶”的生理健康功能研究的同时，这两者不仅毫不矛盾，而且能够互相补充而不致偏废，这样对“茶”的裨益人体健康功能就能做出全面的评价了。

虽然古人所谈大都为个人感受，提到理论高度的极为罕见，但明末文震亨为他所著的《长物志·香茗》所写的序文却做了简明扼要的概括：

物外高隐，坐语道德，可以清心悦神。

初阳薄暝，兴味萧骚，可以畅怀舒啸。

晴窗榻帖，挥尘闲吟，篝灯夜读，可以远辟睡魔。

青衣红袖，密语谈私，可以助情热意。

坐雨闭窗，饭余散步，可以遣寂除烦。

醉筵醒客，夜雨篷窗，长啸空楼，冰弦戛指，可以佐饮解渴。

看来，文震亨对于茶道确是精通的，他所提到的六个“可以”差不多都有一个比较具体的客观的规定情景，这不同的规定情景既包括自然风光，也有人间世态，如果离开这一特定的自然风光或人间世态，“茶”仍然仅是饮料的“茶”，可以就变成“不可以”了。这一点我认为是最能说明“茶”的心理健康功能问题。如果作为药物使用，根本不会考虑这多种不同的规定情景的。

也有些茶的研究者、爱好者从比较抽象的角度抒发其品茶时的美好感受，例如《陶庵梦忆》作者张岱，他把观赏彭天锡的戏曲表演，“尝比之天上一夜好月，与得火候一杯好茶，只可供一刻受用，其实珍惜之不尽也”。

其实，最早把品茶之乐说得神乎其神的，就是茶圣之一的唐代卢仝，他的名作《走笔谢孟谏议寄新茶》，说在品试之后，“惟觉两腋习习清风生”，仿佛已登仙界而离开尘世了。这句话成了历代爱茶嗜茶者常用的名句。到了清初，名士廖燕《半幅亭试茗记》一文不仅加以引用，而且作了进一步的引申：“举瓷徐啜，味入襟解，神魂俱韵，岂知人间尚有烟火哉!”

纵观古今这一类有关茶的诗文，我觉得还可以有更科学更全面的归纳。分四个方面：

一、涤烦消愁镇躁

人们烦躁不安或过分忧伤激动时，品茶确是调整心态的最好办法。因为品茶不是一般解渴，不是一饮而尽的大碗茶，也不像冲饮咖啡、可可那样是一次性的。而是有一个节拍缓慢的过程。第一次冲泡之后，色香味也并不是全都会呈现出来，呈现的过程使你有渐入佳境的美好感受。所以廖燕说：“举瓷徐啜”，也就是这个道理。

早在1300年前，就已经有这方面的故事了。李肇《国史补》说：“常鲁公使西蕃，烹茶帐中。赞普问曰：‘此为何物？’鲁公曰：‘涤烦疗渴，所谓茶也。’”可见唐代人们就认可茶的涤烦妙用。

明代陈继儒《茶董小序》为茶做出了公平而确切的论断，认为能够“一洗百年尘土胃”，也是指茶能化解胸臆间不舒畅不干净之疙瘩，当然也包括种种烦躁愁苦之情绪在内，不过换了一种提法而已。

我们知道人们另一种化解烦躁愁苦的办法是喝酒，喝得酩酊大醉，不知道身在何处？甚至进入了梦幻的境界，这种方法即使能化解烦躁愁苦于一时，那也是自我欺骗。酒对人是麻醉，是刺激，清醒之后，苦闷更甚。而茶则是使人更冷静而比较客观地对待问题，在一定程度上确能化解或减轻烦躁愁苦的作用。

二、引发创作灵感

创作是人类思想感情的流露或表达。从古以来，酒一直被视为创作的动力，激发创作灵感的神丹妙药。最近半个世纪，香烟又被夸张成作家、艺术家离不开的法宝。实际上酒也许有使作家、艺术家消除顾虑的作用，但有时也会使之进入狂妄世界。至于香烟，对于人体的危害性不胜枚举，所谓能激发灵感全是毫无根据的扯淡。早在香烟未问世之前，中外就出现了大批永垂不朽的大文豪、大艺术家。

而茶则确确实实与文艺创作有着微妙的关系，例如北宋的苏东坡、南宋的陆游和明末的张岱，他们都是中国文学史上杰出的大文豪，他们对茶的爱好到了迷的程度，而他们的诗文不仅量多，而且其中有不少是千古传诵的佳作。彼此之间我认为有着某种程度的内在联系。

有三个方面的迹象可以追寻：首先他们直接写了题咏茶的名篇，如苏东坡《试院煎茶》，名句“蟹眼已过鱼眼生，飕飕欲作松风鸣”即出于此。他另有《汲江煎茶》，名句“活水还须活火烹，自临钓石取深情”即出于此，前者喻泡茶时所泛之水泡，后者介绍煎茶之心得体会，都深得饮茶诀窍。后世爱茶者亦热爱这些诗作。其次，在一般社交生活中，因为当时饮茶而引发诗兴，于是写诗或写文了，虽不是专门题咏茶的，却也都提到茶事。例如苏东坡在徐门石潭谢雨道上所写《浣溪沙》，共五首，第二首有云：“酒困路长惟欲睡，日高人渴漫思茶，敲门试问野人家。”在求雨回城途中，敲农民的门讨茶喝，以解酒解渴。又如陆游《兰亭道上》：“兰亭酒美逢人醉，花坞茶新满市香。”则是陆游笔下的故乡绍兴的风光。当然更多的是喝了好茶以后，心情开朗，于是吟诗作文，但又不一定都提到茶事。所以要一一查照，就比较困难了。

必须说明的，饮茶对于诗文不仅引发创作灵感，不仅是在数量上的增加，对于质量，尤其是诗的风格、意境，也会产生一定的影响。对此，古人徐玑说得好：“身健却缘餐饭少，诗情都为饮茶多。”我对此深信不疑。某些富于哲理性的诗文，作者下笔时非有十分冷静的思辨能力不可，有时候就得益于茶的可能性不能排除。

以上谈文艺创作，仅举了诗词等文学作品，其实古人写字作画也往往离不开茶，清代的郑板桥就是其中之一。靳秋田一再向他索画，他被纠缠不过，答应了。有《靳秋田索画》一、二叙述为之作画经过。一说“扫地焚香，烹茶洗砚，而故人之币忽至”。二说“闭柴扉，扫竹径，对芳兰，啜苦茗……”如果没有“烹茶”和“啜苦茗”的这些客观条件的配合，郑板桥是不是画，画得能不能如此佳妙，那就很难说了。

三、增进友情爱情

人与人之间之所以会产生友谊、感情，往往有一定的关系，或者共同的爱好，例如世交，是指彼此之间上一辈就是好友，酒肉朋友的共同爱好是酒肉，以文会友是由于对文学都有浓厚兴趣而缔交友谊的。而茶，也成了缔交友谊的重要中介。

苏东坡是从古至今最重视茶与友情之间微妙关系的鉴赏大家。他说：“饮非其人茶有语，闭门独啜心有愧。”就是说好茶让不懂得茶的人去喝，是一种浪费、糟蹋，茶会有意见的。而当他得到好茶，又独自享用时，则又觉得无行家和他同饮而遗憾，甚至内心感到惭愧。

类乎这一种感情的流露，陆游也有《幽居初夏》一诗：

湖山胜处放翁家，槐柳阴中野径斜。
水满有时观下鹭，草深无处不鸣蛙。
箨龙已过头番笋，木笔犹开第一花。
叹息老来交旧尽，睡来谁共午瓯茶？

陆游的感慨不仅是饮者对茶的是否赏识问题，回忆当年“共午瓯茶”的都是相知甚深的“交旧”，如今“访旧半为鬼”，他不禁为之唏嘘、叹息。

许观《赠张隐君》说："茶气拂帘清簟午，想应宾主正高谈。"则是一幅隐约可见的白描画。在那样十分幽静而清幽宜人的气氛中，宾主饮茶而高谈阔论着。不言而喻，这是文人心目中的赏心乐事。

最最有趣的是明末张岱与南京闵汶水的缔交过程。最初，有周墨农其人，向张岱介绍了闵汶水，张岱到南京桃叶渡口拜访他。闵汶水治茶招待，为了试探张岱究竟懂不懂茶，是否是假装风雅的纨绔子弟，闵汶水先说是阆苑茶，张岱说是罗岕茶。至于用水，闵汶水先说是惠山泉水，张岱说与一般惠山泉水不同。后来，闵汶水又泡了一壶，张岱品尝之后，说是秋茶，而不是春茶。经过这一番试探，张岱的答案得了满分。闵汶水对张岱作了这样的鉴定："予年七十，精赏鉴者，无客比。"于是，他们成了莫逆之交。

茶增进爱情的轶事，李清照《金石录后序》最精采，她与赵明诚的爱情在品茶方面有妙不可言的细节描写；沈三白《浮生六记》中也有绘声绘影的记载。

四、抚慰孤寂心灵

人在幽居独处时，往往会感到孤单寂寞，需要有所寄托，有所抚慰。山林隐居者或信仰佛教、道教的信徒尤其是如此。元代对知识分子不尊重，很长时间把科举都停办了。在那个年代，文人和茶的关系更显得异常突出。乔吉《折桂令·自叙》感慨大志难酬，"万事从他"，却自得其乐地"诗句香梅梢上扫雪片烹茶"。吴弘道更为潇洒自如，《拨不断·闲乐》："稚子和烟煮嫩茶，老妻带月包新芽"，对闲居生活显得乐不可支。张可久《人月圆·山中书事》："松花酿酒，春水煎茶。"《折桂令·村庵即事》："五亩宅无人种瓜，一村庵有人分茶。”他还有些作品都提起了茶，可见他不可一日无此君。孙周卿《蟾宫曲·自乐》：“山竹炊粳，山水煎茶。”值得注意的，他们分别以《闲乐》、《自乐》为题，这应该是他们在孤单寂寞中得茶而得乐的有力证明。

释道等方外人物的爱茶和世俗又有所不同，俗语说得好：“天下名山僧占多”，出家人在深山峻岭，没有世俗的纷扰，他们不仅喝茶，也往往种茶制茶，所以喝茶的经验也比较丰富。有关和尚、尼姑、道士、道姑的传说轶事很多。据《茶录》，休宁县的松萝茶就是尼姑大方从虎丘学来的制法。莫干山顶所产的茶也是和尚所种，当然后来和尚也用以作为饮料了。唐代皎然和尚《饮茶歌》所咏“丹丘羽人轻玉食，采茶饮之生羽翼”，题咏的天台山之茶，看来他自己也喝了能“生羽翼”的上品好茶。

至于对喝茶的考究程度，《红楼梦》第41回中，栊翠庵中妙玉治茶的种种清规戒律，恐怕有一定的代表性。对妙玉来说，除了黄卷青灯之外，治茶恐怕是她最主要的物质生活和精神生活了。

以上，我较多地选择了北宋苏东坡（1037—1101）、南宋陆游（1125—1210）、明末张岱（1597—1679）三个人的诗文论证饮茶对情绪、心态的多方面的益处，他们生平经历各有其十分坎坷之处，苏东坡一再遭贬斥，最后被贬到当时的蛮荒之地，今海南省儋县，他在民族习惯不同物质非常贫乏的条件之下，居然能活了下来。陆游的时代为南宋中期，“但悲不见九州同”，可见他对祖国大好河山大半陷落的痛苦，爱情生活上又发生和表妹唐琬之间凄凉的故事。张岱生于锦衣玉食之家，明亡之后，成了赤贫之士，遁入山林，写下了《石匮书》这样一部明史，还留下了《陶庵梦忆》、《西湖梦寻》这两部中国文学史上最有光彩的散文集。他们历经沧桑巨变、种种磨难，而他们的寿命却分别达到64岁、81岁、82岁，恐怕和他们的酷爱饮茶和旷达自处有不可分割的关系。

在结束本文时，我想特别强调两点：

我认为茶的调整情绪、美化心态的作用决不可低估。这一种心理健康的作用对生理健康来说，乃是非常有力的配合或补充。因为一般医疗，无论服用片剂、药液，无论注射、放射，无论整形或截肢，作为病人来说，都感到是一种痛苦，勉强接受，肯定要影响疗效。而饮茶被作为赏心乐事的享受，接受时当然愉快之至，疗效肯定也随之自然而然地产生，甚至疗效更快速更强有力。

此外，茶对于癌症的作用也许有新的发现。最近，美国一癌症研究所首次提出“癌症性格”之说：“指长期处于抑郁精神状态下的性格。这类人大多内向……免疫能力很难发挥正常作用，大大降低对癌症的抵抗能力。”而另一家英格兰的癌症研究机构，对乳癌患者进行了调查研究，“发现悲观失望、情绪抑郁者比乐观开朗者存活时间要短，病情也易复发”（以上信息引自1999年2月8日《上海译报》第6版《癌症大多因性格所致》一文）。我想，关于这一点，茶过去肯定已经在默默无闻地做出了许多贡献。而今后，茶的调整情绪、美化心态的作用既然被科学实践证明，对癌症的防治当然更可以充分发挥其独特而使癌症患者欢快地接受的疗效了。

叹茶，享受慢生活

一

喝茶，大致有两种不同的情况：

大部分人是解渴，嘴巴干了，需要补充水分，想到要喝茶。当然青少年也许要喝可乐之类的饮料。嘴巴干，有时甚至干得发苦，喝的要求很迫切，可能动作大些，节奏也相当快。至于茶叶、用水、茶具以及周围的环境等，也不一定有具体的要求。

较少一部分人是休闲。并不一定为了解渴，而是寻求一种心理上的宽松、舒适，以取得自我安慰。这就要求一定的气氛，所以动作比较斯文，节奏比较徐缓。有时这种喝茶又是与二三知交在一起喝的，在喝的时候有语言上感情上的交流，因而产生了彼此之间的相互启迪，有了各自的感悟。

说得简单一点，也可以认为解渴性质的“喝茶”乃目的，茶喝够了，这一过程宣告终结。休闲性质的“喝茶”似乎接近手段，通过“喝茶”而达到某一种境界。这所谓“某一种境界”，很难作具体的表述。应该说必定随人而异，而不是完全相同的。

休闲性质的“喝茶”既然不是目的，而接近手段，达到目的时当然会情不自禁有所反应，较普遍的是发自肠胃深处的一种气体的冲击，也可能同时有出自内心深处的满足的感情的折射，这种气体从口腔溢出时，音色非常微妙，音量也不大，但对品茶者来说，妙不可言。真的，无法用语言准确地表达。

古人用过“啸”字，没有广为流传，人们很容易联想到“咆哮公堂”、“啸聚山林”、“长啸”等，觉得甚不贴切也。

广东人用“叹茶”一词，也不能说天衣无缝了。因为“叹”在古代的用法与“叹茶”仍有距离，例如陆机《文赋》：“虽一唱而三叹，固既雅而不艳”。“叹”的行为或动作相当明确而具体，而“叹茶”之“叹”则不然，在若有若无之间，感情也不太强烈。又如陆游《岁暮》：“已无叹老嗟卑意，却喜分冬守岁时。”则“叹”又有较多哀怨的情绪，而“叹茶”毫无哀怨之意。因此，我认为“叹茶”一词终究还表达了此一情景的主要气氛，作为近似值而暂时使用，这是无可奈何的选择。

必须要说明的是现在广东人把解渴性质的喝茶也称为“叹茶”了，甚至把表面上似乎在喝茶，实际上主要在吃菜、吃糕点的“吃早茶”、“吃午茶”等也称为“叹茶”了，入乡随俗，任何人都无权阻止或改变也。

二

休闲性质的喝茶，由于各人气质、秉性、文化素养的不同，茶的品种各异，茶具、用水、环境的不同，很可能各有其形式，乃至动作的差异，但都不是必须严格遵循的，都不是仪式，如果是必须遵循的仪式，那就违背了休闲的初衷，变成为难以容忍的桎梏了。

而且，从开始喝茶到“叹茶”，势必有酝酿的过程，决不是一开始喝茶就会“叹茶”的。这一过程总的来说，比较徐缓，仍有可能较大的时间上的差异，而且也无法排出时间表，各项条件具备之后，喝茶者不知不觉之间有了某种感悟，才会发出“叹”声的。

也就是说，解渴性质的喝茶，主要是生理上的需求，解渴的目的达到，大功告成，不涉及或极少涉及心理的领域。而休闲就完全不同，从喝茶中寻觅或发现乐趣，有所感并有所悟，自然抑止不住，或者说，也没有想到要隐瞒这种乐趣、乃至感悟，所以有所“叹”了。

我所说的过程乃是喝茶者必须通过视觉、嗅觉、味觉三方面享受了茶的色、香、味，或者由此产生了某些回忆或联想，“感”的内容也就随之丰富起来。而茶的色、香、味又不是刚冲泡就能呈现的，有的甚至到第三四次冲泡时才逐渐显露，过程则更徐缓了。

当然喝茶者的享受并不局限于视觉、嗅觉、味觉，有的人一定要亲自操作，这不仅仅保质保量而已，同时在接触茶具时，对哥窑、钧窑之类名窑生产的茶壶、茶杯欣赏一番，对竹炉、茶灶等器物把玩一番，也有无穷乐趣。现代人极少拥有哥窑、钧窑茶具或竹炉、茶灶，退而求其次，收藏、使用现代名家制作的茶壶，或名家传人的作品，还是较多的，使用这一类艺术珍品时也有其乐趣。

问题在于茶具过于考究，也会产生负面作用，一方面逸兴遄飞地喝茶，喝到快要“叹”的一霎那，如果又担心茶具会打碎，或被偷盗，那是十分扫兴的事情，再“叹”的话恐怕是一种长叹息，一种颇为失望、懊丧或气愤的“叹”了。

“叹茶”既然是情不自禁而“叹”的，当然不是在主观上有意识地要“叹”的，因此“叹”究竟意味着什么？很值得研究。虽然

“叹茶”者所“叹”的内涵不一定完全相同，但应该仍有共同点，那就是产生了某种感悟。或者说，至少是有所感。感的程度不尽相同，感的程度深了，就必然有所悟了。

在一般情况之下，“叹”不免带有灰溜溜的、无可奈何的情绪，而且即使是情不自禁地发出，其情不自禁的程度显然也完全不一样，显然有较多的主观意愿在里面。京剧《四郎探母》中，四郎杨延辉唱“坐宫院，自思自叹”，就属于这种情况。

三

中国戏曲的唱有时属于对话，对方会有反应，用唱或白口答复。有的唱则是内心的秘密，唱了半天，其规定情景则是对方并没有听见。而“叹茶”的“叹”虽叹者并未有意保守其中含孕的内容，而听者则仍无法窥测其中特有的意味。而其音量往往并不强烈，但又不是若有若无，而是确有，因为情不自禁，也并不要求对方或所有在场者感受，所以也往往被人所忽略。

中国书画艺术的审美特征有“意到笔不到”之说，中国文学艺术从来就有侧重写意的流派。值得注意的是这种风格的作品笔与笔之间存在着比虚线更虚的空白，虽是空白，仍旧令人感觉到它的存在。而“叹茶”的“叹”虽然已有声音，不是空白，但声音仍旧微弱，对品茶有同好的人决不会因为其声音微弱而毫无察觉。

在这个问题上，我认为中国人在品茶生活中也有一种类似的情况，有的人把感悟用一般的语言或诗歌表达了出来，当然也很好，但更多的人则没有，而是用“叹”的方式表达的。“叹”者的心态恐怕也不一样，有的人认为是赏心乐事，犯不着搜索枯肠去思考用语了，有的人也许觉得感觉之美、感悟之深非言语所能形容，也就是到了“妙不可言”的程度，所以就“叹”了。

这和日常生活中“叹气”的“叹”当然不一样，人们遇到不愉快，不如意的事而“叹气”，那是有意识而为之，声音较响，虽然明知“叹”也无补于事，仍旧用“叹”以发泄这种不愉快的感情，而时间也往往较长，所以古人往往用“长叹息”的提法。

“叹气”所发泄的是不愉快的感情，听到的人当然也不愉快，而“叹茶”则不然，听到的人不会因此而不愉快，但是，也不会产生同样的感受，常常喝茶以休闲的人能够理解，仅仅因解渴才喝茶的人对“叹茶”之“叹”难免莫名其妙也。或者说，难免少听多怪，不可思议。

“叹茶”说简单十分简单，说复杂也真复杂，不仅“叹”的内容无法说清楚，何以会情不自禁地“叹”，更是非常难以说清楚的事情。

四

喝茶，继续不断地向体内补充了水分，水固然也有解渴的作用，也是对人体内肠胃等消化系统器官的洗涤，把食物在消化过程所产生的污浊冲刷进排泄系统，肠胃器官因而感到通畅、舒适，那是必然的。

问题在于这是一种生理上的感受，又何以会产生“情不自禁”的“叹”呢？应该说，生理上的感受会引发心理上的连锁活动。因为追求美化、净化是有一定文化素养的人们的习性，休闲性质的“喝茶”自然而然地成了美化、净化生活的优先选择了。

肠胃因冲刷而有了通畅、舒适之感，属于净化、美化生活范畴，但这种通畅、舒适之感又是在心理上几乎同步产生的，所以会逐步加强，并遍及全身。发出“叹”声，是全身有了通畅、舒适之感的一个信号。

人们如何要求生活净化、美化，有一个故事可以用作例证。明代人有一幅人物画，名《倪迂涤桐图》。图中主角为隐居山林的高士倪云林，他有洁癖。他喜欢在梧桐树荫下吟诗作画，聊以自遣。一天，有一个蓬头垢脸的乞丐倚梧桐树伫立多时方才离去，乞丐虽没有直接和倪云林接触，倪云林已经感觉浑身出奇的不自在，于是他令奴仆挑了清水把那棵梧桐树洗涤了许多遍，不自在的难受的感觉才消除掉，心情也转变为舒畅了。

我认为倪云林由于条件反射，也产生了心理上的变化。喝茶使生理上发生了洗涤肠胃的作用，因而心理上有所变化，那是事所必至、理之当然了。

卢仝、陆羽是茶艺的创始人，他们的著述当然是我们必读之书，但也不能过于机械地去理解，例如喝茶喝到第七碗，便有两腋生风的感觉之类，不过是比较夸张的形容罢了。茶、水、茶具、环境都会有所不同，人的感悟也有所不同，卢仝、陆羽也许当时确实有过类似的感悟，现在我们恐怕极少有人有这种经历。

以“叹茶”而论，首先达到非“叹”不可这一步，绝对不能用量化的计数的方法来讲解，生活在数字世界中的人要理解“叹茶”是怎样一回事可能也存在较多的困难。

而且，同一位品茶者今天的“叹”与昨天的“叹”是否内涵一致也难以回答。因为昨天品茶后所产生的愉快无法予以冻结储存，品茶结束，重新回到柴米油盐、七情六欲的世界，人轻松舒畅不起来。但一定说是前功尽弃了，一切仍要从头开始，也不见得。应该多少有一点积累，今天品茶后“叹”的内涵应该比昨天丰富些，或者品茶之后进入“叹”的过程更驾轻就熟一些。

五

唐人钱起有《与赵莒茶》七绝：

> 竹下忘言对紫茶，全胜羽客醉流霞。
> 尘心洗尽兴难尽，一树蝉声片影斜。

钱起品茶之后，有了“尘心洗尽”的感觉。可是又“忘言”，没有能把自己的愉悦说出来。“兴难尽”，也许就是指这一种情景。他虽未“叹”，但已到了欲叹未叹的程度。甚至已经“叹”了，没有明写出来而已。

所谓“尘心”，小至柴米油盐，大至七情六欲，都可以包括在内。因此，“叹茶”所显示的愉悦实际上并不是得到了什么，而是洗去了尘心之后而必然会发生的事情。

古人说：“一叶障目，不见泰山。”又说：“入鲍鱼之肆，久而不闻其臭。”那么，品茶品到某种程度，正如去掉障目的叶子可以见泰山一样，正如改变了“鲍鱼之肆”的环境，使嗅觉恢复一样，把“尘心洗尽”了，心态趋于平和、质朴。那是非常合情合理的事情。

唐代赵州观音院高僧从谂法师传下来一件趣事：有人来学佛法，他先要问：“曾来此间否？”无论回答“曾到”或“不曾到”，他都是吩咐“吃茶去”。院主觉得难以理解，就去问从谂，而从谂还是回答院士："吃茶去。"后人觉得既有趣，也颇微妙，就一直在谈论，也有人由此而得出"茶禅一味"的结论。得到了许多人的认同。

又有一位茶叶专家，认为"茶与儒通通在中庸，茶与道通通在自然，茶与神通通在神合"，当然是多年研究所得，值得重视。

以上两说都是一家之言，而且有一定的说服力。但是，我却想到了许多由此派生的问题，"茶禅一味"固然能自圆其说，那么，是否"茶儒一味"、"茶道一味"呢？信奉基督教等爱喝茶的人也多，如果要查考基督教等宗教与茶相通之点，恐怕会流于繁琐或钻牛角尖的。

"茶"既然能达到或接近"尘心洗尽"的地步，此时此刻思想上的一切障阻必然极度淡化、弱化或消失了。思路一畅通，愉悦之至，于是自然而然发出"叹"声，如果你是皈依"禅"的，一定会由此大彻大悟，儒生或道教徒也是如此。当然"叹"是一种信号，既可能"叹"得无痕迹可寻，甚至"叹"得意到声不到。

近年来，读到杨匡义《水乡茶居》、刘克定《叹茶》，增加了许多知识，是很开心的事情。又觉得还可以再谈得细一点，就写了拉杂一大堆，也许是画蛇添足吧！

（原载于《上海茶叶》，2012年）

桂林公园品桂花茶

在上海的园林品茶，可以有多种选择：闸北公园以茶艺称著，佘山度假区的山人茶庄，三边竹林环绕，供应本山名产上海龙井，别有风味。此外，桂林公园的桂花茶也有显著特色。

桂林公园四季有茶，本来主要在桂花厅，因新园的茶室虽小，但室内室外品饮可以灵活机动，较桂花厅可以直接欣赏、享受更多的景色，茶客反较桂花厅为多了。

至于所谓桂花茶，那是在农历八月桂花盛开时卖的茶。后来，几乎年年都举行桂花节。品桂花茶就成了桂花节上不可或缺的主题活动了。这时，所用的茶叶较平时要高出一二个级别，同时再佐以些许新鲜的桂花。花的香味很浓烈，往往把茶香掩盖了。当然桂花茶的价钱也比平时要贵。

其实，在这个季节，桂林公园任何一个角落里都飘着桂花的香味，也就是说，任何一个角落里品茶，都是品桂花茶啊！

我在田林住了 16 年，农历八月去品桂花茶也不止一次两次，但我基本上把桂花装在食品袋里带回来，或者就留在桌子上，仍旧喝本色的茶（龙井为主，偶尔用毛峰或碧螺春）。单单凭那成百上千株桂树上盛开的花散发的香味，已经使我的感受达到饱和点了。

如果加入几朵花粒，也没有什么不好。但千万不能多，花粒太多，茶味会变得有些涩嘴，反而不是太好。

那么，究竟选择什么地方品桂花茶最好呢？我认为既不是桂花厅，也不是新辟的园林中的茶室。而是在石舫上，临窗一杯，慢慢而饮。那桂花的香味一阵一阵穿林渡水而来，真是妙不可言的享受。不过石舫上的座位有限，所以价格又比桂花厅、花室中品尝要加上几成，甚至加倍，应该说也是合情合理的。

（原载于上海茶文化中心《茶报》）

古代隐士皆爱茶

陆羽编著《茶经》

陆羽，其生平见《新唐书》卷一九六《隐逸传·陆羽传》：“陆羽，一名疾，字季疵，复州竟陵人。不知所生，或言有僧得诸水滨，畜之。既长，以《易》自筮，得《蹇》之《渐》曰：鸿渐于陆，其羽可用为仪。乃以陆为氏，名而字之。”朝廷任命他为太子文学，他未赴任。继而发表了太常寺太祝，曾婉拒之。列入《隐逸传》可谓名副其实。

《全唐文》卷四三三陆羽所作《陆文学自传》，对他自己的极富传奇性的经历有绘声绘色的记录。正因为“不知所生”，所以是由一位被称为积公的高僧收养而长大的，但是积公要他诵读佛经，正式收他为佛门子弟时，他却又坚决不从。于是，后来被派遣在寺庙做杂役，主要是扫地、修理墙壁、清扫厕所，凡是最繁重最脏的劳动都让他去做。有时被认为偷懒而饱受鞭打。但是，他仍旧保守着他的特殊的思想感情，没有成为一名僧人。当他觉得实在无法忍受时，离开寺院，进入了戏班，居然也能发挥所长，成为班中的主角，并完成关于戏剧艺术的专著《谑谈》。

礼部郎中崔国辅被贬竟陵司马，他却是不拘行迹的诗人，陆羽写作诗歌，是向崔国辅学习的，相处三年，陆羽的诗已经写得流畅古朴而且颇有韵味了。上元年间，他漫游到了湖州苕溪，便停留了下来。这一停留，使陆羽和中国的茶艺都产生了重大的影响。陆羽是秉性淡泊、对声色名利都毫无兴趣的奇人，浪迹天涯以四海为家，他何以会在湖州的苕溪停留了下来？说清楚原因，我们便完全能理解了。

按太湖周围的杭、嘉、湖、苏、松、常六州既是历史悠久、文物荟萃之地，又比较富饶，物质生活的水平从六朝开始也逐渐超越中原，士大夫乃至民间，对生活不仅追求温饱，也在一定程度上重视休闲艺术。在崇山峻岭之隙、在茂林修竹之间，往往丛生着色、香、味各具特色的名茶。而旧时湖州、常州交界处的顾渚，即以出产紫笋茶闻名，早在三国时代，即成了每年例行的贡品。到了唐代，亦即陆羽逗留湖州的前后，文人、高僧、官员吟咏紫笋茶的诗篇就连篇累牍，数量上相当可观了。而与陆羽同时，并对陆羽相当赏识的湖州太守颜真卿也题咏了一些茶诗。

我们知道佳茗的生长固然要依靠好的雨水、泉水，而煮茶、泡茶又何尝不要依靠好的雨水、泉水呢？所以陆羽的好友高僧皎然《访陆处士羽》说："何山赏春茗，何处弄清泉？"皇甫曾《送陆鸿渐山人采茶回》："幽期山寺远，野饭石泉清。"杜牧《题茶山》："泉嫩黄金涌，牙香紫璧裁。"皮日休《茶灶》："水煮石发气，薪燃杉脂香。"皮日休《煮茶》："香泉一合乳，煎作连珠沸。时看蟹目溅，乍见鱼鳞起。"以上诸诗，主要的是对饮茶的泉水的欣赏与赞美。当然，在湖州，上选的饮茶用水就是顾渚山畔的金沙泉，唐代贡紫笋茶的同时也要贡金沙泉水的。刘禹锡《西山兰若试茶歌》："宛然为客振衣起，自傍芳丛摘鹰嘴。斯须炒成满室香，便酌沏下金沙水。"

便是写现摘现炒紫笋茶，然后用金沙泉沏茶的实况。

齐已，也是唐代的诗僧。他的《过陆鸿渐旧居》：“楚客西来过旧居，读碑寻传见终初。佯狂未必轻儒业，高尚何妨诵佛书。种竹岸香连菡萏，煮茶泉影落蟾蜍。如今若更生来此，知有何人赠白驴。”此诗更值得重视，不仅说明煮茶用了清泉，恰恰又把陆羽介于出世与入世的中间状态的神情表达了出来。他有许多高僧级别的师友，自己没有出家。作为儒家吧，他也没有走“学而优则仕”的道路。在这种情况下，既不追求，也不可能锦衣玉食，只能布袍脱粟。但是，他对怡情养性、清心沉思有一种类乎本能的向往，遇到了紫笋茶、金沙水，其吸引力不言而喻，所以暂时在湖州停居了下来，原因即在此。

那么，陆羽既无一官半职，自然没有俸禄，又未耕作或商贩，也无收益，更未常应邀为人作墓志铭，可得润笔，他又何以为生呢？在这方面材料不多。只知湖州太守颜真卿、高僧皎然都和他交往密切，还在一起唱和吟咏呢。

大历九年（774），湖州刺史颜真卿在湖州长兴县小浦镇竹山潭的竹山堂与一大群高人雅士聚会，其中只有潘述是长兴县丞，其他都是琴棋书画的行家了。他们研读《易经》，还下了围棋。“昼啜山僧茗，宵传野客觞”。即使此“茗”是皎然提供的，也不能排除陆羽从中有所策划。这首《竹山堂连句》，每人两句，篇幅较长。开头“竹山招隐处，潘子读书堂”。为颜真卿作，然后“万卷皆成帙，千竿不作行”，就是陆羽手笔，可知他在这 18 人之中还是主要成员。或者说，在颜真卿心目中，地位颇不平常。

至于皎然，和陆羽的关系十分密切，今存皎然有关陆羽的诗有十首之多。皎然是知名度颇高的“江东名僧”，原为南朝名士谢灵运十世孙，早年在湖州吴兴县杼山妙喜寺出家，诗文之名远播。他有《顾渚行寄裴方舟》，虽未直接提到陆羽，但一再吟咏“尧市人稀紫笋多”、“紫笋青芽谁能识”，可见他和陆羽一样是顾渚紫笋茶的爱好者。陆羽和皎然这位“江东名僧”如此友好，而且陆羽对物质生活的要求又简单之至，有了皎然的依靠，自然不致受饥寒之苦了。

陆羽在湖州期间，在充分享受紫笋茶、金沙泉之余，得到了颜真卿、皎然等人对他生活上的关心。再加上他浪迹天涯之际，已品尝过不少佳茗、清泉，陆羽此刻乃得以定下心来，从事《茶经》的著述。颜真卿诗文俱佳，更是第一流的书法大家，皎然被称为“江东名僧”，并不是仅指对佛家经典的研究，也是兼指学识的渊博与文学的才华，陆羽当然也会受到熏陶。正是在这样各方面都提供了有利条件的情况之下，《茶经》在学术上达到较高的水平也是必然的。

《茶经》分《茶之源》、《茶之具》、《茶之造》、《茶之器》、《茶之煮》、《茶之饮》、《茶之事》、《茶之出》、《茶之略》、《茶之图》十章，对茶的历史源流，地域的分布，采集的季节和方法，加工与煮、饮的注意事项与工具等都作了全面的论述。在中国、在全世界，都是第一部论述茶的经典。鲁彭《刻〈茶经〉序》：“今观《茶经》三篇（卷），固具体用之学者。其曰伊公羹、陆氏茶，取而比之，实以自况。所谓易地皆然者，非欤。厥后茗饮之风，行于中外。而回纥亦以马易茶，由宋迄今，大为边助。则羽之功，固在万世，仕不仕奚足论也。”鲁彭认为茶艺之所以风行中外，陆羽提倡茶艺、著作《茶经》起了决定性的作用。至于陆羽没有出山做官，那是由他喜爱闲散、对名利一无所求的人生观决定的。其实，陆羽如果出仕，案牍劳形，倒不一定能完成这部著作了。

林逋一生梅妻鹤子茶为友

林逋是北宋著名的隐士，他虽未出家，却也未娶妻，诗词俱皆佳妙，迄未就任官吏。一生潇洒，以梅妻鹤子的清幽生活被传为美谈。

他的《点绛唇》：“金谷年年，乱生春色谁为主？余花落处，满地和烟雨。又是离歌，一阕长亭暮。王孙去。萋萋无数，南北东西路。”似乎是抒发的离愁别恨，“萋萋无数”，当然是连天的芳草也。作为隐士，离群索居，为何又萌生“又是离歌”的感慨呢？这是林逋内心的秘密。那么，“王孙去”何所指呢？

《楚辞·招隐士》：“王孙游兮不归，春草生兮萋萋”，屈原把隐士与不归的王孙相联系很自然，看到芳草又蓬勃而茂密地茁长，怀念漂泊到异乡的王孙（游子）了。林逋本身是不入城市的游子，或者说，就是词中的“王孙”。

我以为如果换位思考，假定我是作者，的确也有可能是林逋在转弯抹角地倾诉友人或恋人对自己的怀念。这一可能性不必排除。因为他另一词作《长相思》确是吟咏的凄切哀怨的爱情悲剧。

文人的隐居不仕，原因本来就相当复杂，固然绝大部分是政治因素在起作用，个别人和爱情生活的不幸福也会有一定的影响。从他的《长相思》来看，虽然故事朦胧不具体，所说：“君泪盈，妾泪盈。罗带同心结未成，江头潮已平。”哀怨、悲戚极深。他何以如此关切，也许是自己的经历和感慨。因为林逋把人世间的相互接触尽可能减少避免，居然又发出“谁知离别情”的疑问，肯定蕴藏着些许隐私在内的。

因此，谢灵运《悲哉行》：“萋萋生春草，王孙游有情”、王维《山中送别》：“明年春草绿，王孙归不归”、白居易《赋得古原草》：“又送王孙去，萋萋满别情”，三诗中的王孙是对方或第三者，而林逋所谓“王孙去”的“王孙”似乎是自喻。

林逋诗词不多，因为是闻名遐迩的隐士，所以传播也广，影响相当深远。其《山园小梅》被认为是写梅的经典，尤以“疏影横斜水清浅，暗香浮动月黄昏”一联，成为难以超越的绝唱。后世画家画梅往往用以为标题或规定情景。

林逋的《点绛唇》引起了宋代词坛的连锁反应，据吴曾《能改斋漫录》卷十七《东府·咏草词》：“梅圣俞在欧阳公座，有以林逋《草词》‘金谷年年，乱生春草谁为主’为美者，圣俞别为《苏幕遮》一阕云云。欧公击节赏之。”事情并未到此结束，欧阳修可能觉得林、梅二人固然题咏春草之作各有新意，亦非绝对不可企及，于是他又以同一题材写了《少年游》。此三首词被王国维《人间词话》评为“咏春草绝调”。

林逋既然以“梅妻鹤子”称著，没有一般人的家庭生活的乐趣或烦恼。当然，衣食也简朴之至，然而他却酷爱品茶。有《烹北苑茶有怀》：

石碾轻飞瑟瑟尘，乳花烹出建溪春。

人间绝品应难识，闲对《茶经》忆古人。

当时饮茶的方式和现在不同，要把茶叶放在石碾中碾成细末，然后煮或冲泡。这种细末和现在日本的清茶那样十分微细，所以飞到空中就成为尘埃了。但是当茶汁迸发出乳花时，林逋依旧能从中感受到这名茶出产地福建安溪山野间春天的景色之美、空气之清。林逋认为品茶大有学问，真正能识别“人间绝品”的人恐怕很少。在这种情况之下，他不禁觉得《茶经》这部著作的确很有价值。至于“忆古人”，首先应是对《茶经》作者陆羽的深深怀念。其次，是当年关怀陆羽、赏识陆羽的颜真卿和高僧皎然等人。再其次，应该是《茶经》所记载的与茶有关的晏婴、司马相如、左思、谢安、陶弘景诸人。梅妻鹤子的林逋对饮食起居漫不经心，惟独十分重视品茶，并确认《茶经》的学术价值，也是一大贡献。

到了清代，陆廷灿编《续茶经》，就把林逋这首诗收进了《五·茶之煮》。

倪瓒的奇怪洁癖

倪瓒，是元代一位知名度极高的隐士，字云林，能诗、能词、能曲，更是第一流的画家。与唐代的陆羽、宋代的林逋不同，他有家室，而且是家道裕如的富翁。他为什么隐居不仕？可能是生活疏懒惯了，不愿批阅公文，不愿和上下级交涉公务，一心只希望自由自在地生活。

他的隐居方式也颇为特殊，居然远离家庭，到十分僻静的角落里躲起来，时间一长，却又经常怀念自己的田园。他为什么要躲起来，也从未讲清楚。据我推测，他认为一般人都不注意清洁，使他这个有洁癖的人感到讨厌。他又认为一般人比较庸俗，没有兴趣和他们打交道。还有，经常有人登门求画，他忙于应付，不耐烦，觉得还是少接触为妙。好在，他并不是朝廷要捉拿的犯人，所以无论在家或在外，仍旧可以比较自由地生活。来访的客人，可以不接见。随时随地仍可以寻找各种乐趣。他有《北里》律诗：

舍北舍南来往少，自无人觅野夫家。
鸠鸣桑上还催种，人语烟中始焙茶。

池水云笼芳草气，井床露净碧桐花。

练衣挂石生出梦，睡起行吟到日斜。

自称“野夫”，其实也就是承认了没有暴露真实的身份。这一次，他的躲避是成功的，所以再无人来寻访或求画，他颇为得意。这一个整天，“睡起行吟到日斜”，真可以说得其所哉了。当然，春天正是农忙季节，男女老少都忙得不亦乐乎，谁有空闲来注意这个“野夫”呢？而倪瓒，除了欣赏“池水云笼芳草气，井床露净碧桐花”之外，他虽不参加任何劳动，却又关注到了“人语烟中始焙茶”。焙茶，香味并不很浓，烟也淡，声息更轻，倪瓒能通过嘈杂的“人语”中而察觉，那说明他是品茶的行家，而且似乎也急于品尝今年的新茶也。他另有《绝句》：

松陵第四桥前水，风急犹须贮一瓢。

敲火煮茶歌《白苎》，怒涛翻雪小停桡。

前面的七律只是给我们一个信息，倪瓒对茶是爱好的。而《绝句》则相当具体地反映了他对茶爱好到什么程度，在行到什么程度。在唐、宋两代，地方向朝廷进贡名茶时，往往也同时进贡当地上好的泉水，上好的茶一定要用上好的水煮泡，才能充分显示其独特的色香味也。而苏东坡、黄庭坚等人赠送好茶给友人时，如果条件许可，也是同时送去上好泉水的。当然，陆羽、苏东坡、黄庭坚等人平时品茶，也十分注意选择上好的水用来煮泡。

在这一方面，倪瓒已经深得其中三昧。他知道“松陵第四桥前水”有其不平凡的来历，虽然被茶圣陆羽列为天下第十六位，并不是最前，但被张又新《煎茶水记》排名第六位，应该也有一定的根据。那一天，气候不太理想，风急浪高，取水不是太方便，但是倪瓒不肯失去这个难得的机会，还是不顾危险，在怒涛奔腾中取了一瓢。我们可以设想他对品茶认真得几乎无可复加的地步了。有人认为宋代的杨万里有《舟泊吴江》：“江湖便是老生涯，佳处何妨且泊家，自汲松江桥下水，垂虹桥下试新茶。”倪瓒此诗是受了杨万里的影响，当然也不能排除。但是，倪瓒在风急浪高时取水，而且取水之后，决定“敲火煮茶歌《白苎》”，其闲情逸致较杨万里有过之无不及也。

更值得注意的是他对荷花的兴趣，许多诗、词、曲都涉及，有时并出现在画面上。他有五言律诗《荒村》，我认为这荒村也是他曾经隐居过的地方。荒村景色免不了荒芜，他却仍旧看到了“竹梧秋雨碧，荷芰晚波明”。就是这位倪瓒，他把品茶的艺术和荷花突发奇想地结合了起来。《云林遗事》载：“莲花茶：就池沼中，于早饭前，日初出时择取莲花蕊略绽者，以手指拨开，入茶满其中，用麻丝缚扎定，经一宿。次早，连花摘之，取茶纸包晒。如此三次，锡罐盛贮，扎口收藏。”

倪瓒用这一方法，特制了一种花茶。别的花茶都会让花的香味盖过了茶的香味，但是荷花的香很淡泊，不像茉莉等花那样浓烈，所以仍旧能保持茶原来的色、香、味，不过再加上一些荷花淡泊的香味，显得别致高雅，别有风味。清人沈三白著《浮生六记》，他和爱妻芸娘也品尝过这种莲花茶，也是自己亲手操作的。

周瘦鹃《洞庭碧螺春》：“1955 年 7 月 7 日的清晨 7 时，苏州市文物保管会……举行了一个联欢茶会。品茶专家汪星伯兄忽发雅兴，前一晚先将碧螺春用桑皮纸包作十余小包，安放在莲池里已经开放的莲花中间。早起一一取出冲饮，先还不觉得怎样，到得二泡三泡之后，就莲香心脾了。”可见倪瓒的流风余韵到20世纪依然存在。

还有乾隆皇帝，经过多次下江南，不仅开始热爱品茶，而且喜欢用荷叶上的露水烹茶，并有《荷露烹茶诗》多首，是否受了倪瓒的启发，还难以下结论。

倪瓒有关茶的轶事不止莲花茶，还有两处记载，均见《云林遗事》：“光福徐达左，构养贤楼于邓尉山中，一时名士多集于此。元镇为尤数焉，常使童子入山担七宝泉，以前桶煎茶，以后桶濯足。人不解其意，或问之，曰：‘前者无触，故用煎茶，后者或为泄气所秽，故以为濯足之用。’其洁癖如此。”看来他的洁癖已经到了怪异的地步。“倪元镇素好饮茶，在惠山中，用核桃、松子肉和真粉成小块如石状，置于茶中饮之，名曰清泉白石茶。”用果仁之类置于茶中饮之，元代已经流行了，当然不一定用核桃、松子罢了。

陈眉公佘山品茶

上海拥有许多历史名人，明代的陈继儒（陈眉公，1558—1639），即其中之一。他27岁那年乡试落榜后即隐居佘山。史书与方志都说他曾被“先后荐征，屡辞不应”。所以时人称之为“陈征君”。他在明代万历后期参与修纂的《松江府志》乃是历史上最详备的一部《松江府志》。

他在佘山隐居达五十余年之久，对于佘山古迹的修葺，文物的保护、保存，都作出了重大的贡献。他热爱品茶，品茶成为隐居的休闲生活中的主要活动。他的诗文以及随笔小品涉及“茶”的也不少。有的是在无意中提到的当时生活片段及见闻，却成了学术含金量颇高的珍贵文献。例如他所作《沐堂建殿疏》说：

> 其山有殿阁，出树梢。一瓦一木，出真空（蒋注：真空法师）手担肩负。壬子，为游客入山，不戒于火，大殿竟付烈焰中。此时有支谷长老住徐叔文茶园中，见沐堂峰顶幡幢麾盖簇簇入烟燎而去，意甚怪之，而未几诸佛化为灰烬矣！

这壬子年应为万历四十年（1612），这就是说当时佘山的茶的生长既不是野生的，也已经不是分散的种植，而是具有相当规模的茶园了。园主为徐叔文，应该不是等闲之辈。因为万历年间的内阁首辅松江人徐阶曾经是经常来沐堂烧香的香客，而徐家又是松江府最大的地主，此时虽已经过海瑞的严厉查处，退还了不少土地。但仍拥有大批土地。这徐叔文即使不是徐阶的堂房侄孙辈，也肯定是徐阶的族人也。

支谷长老是客人，不到佘山的寺庙里“挂单”（住宿），住进了徐叔文的茶园，说明茶园相当讲究，在生活条件方面比寺庙要好。也就是说肯定不是刚刚筹建的。

从这些方面推断，至少在万历初年，亦即 1570 年前后，佘山已经在种茶树了。

陈眉公这个隐士比较特殊，他虽坚决不接受官方的任何任命，却又喜欢和各式各样的人结交，所以隐居在山中也接待某些来访的名士、高官，走进松江城，或者去苏州、杭州时，往往又成了名士、高官的席上宾。他当然并不是为了攫取什么珍宝或古董，而是和那些人有着艺术或学术方面的共同语言，彼此可以作交流。这些名士、高官如果开列一个名单，则可以包括王世贞、董其昌、钱龙锡等。尤其董其昌，他们二人的关系更为密切。

有夏茂卿其人，著作《茶董》一书，董其昌为之写了序，陈眉公也为之写了序。他在序文中十分简要地回顾了茶的历史发展，并认为品茶的风尚到了明代已有了重大的改革，无论哪方面都到了相当高的水平。他为苏东坡、黄山谷辈没有能见到这种盛况而有所遗憾。对于品种繁多的茶，他特别推崇宜兴的罗岕，看来他是作了审慎的比较而后下的论断。因为夏茂卿另有《酒颠》之作，所以陈眉公在序中还把茶和酒作了一番比较："热肠如沸，茶不胜酒；幽韵如云，酒不胜茶。酒类侠，茶类隐，酒固道广，茶亦德素。"乃唐宋以来惟一能截然判别酒与茶之不同风格的精辟论断。这一番议论颇有创见，其他文人没有这样谈过。

十分有趣的是当时佘山同时有两位隐士，陈眉公住东佘山，施绍莘住西佘山，据施绍莘说："诗场酒座，常招邀来往。"陈眉公所住的建筑有神清之室、含誉堂、顽仙庐、笤帚庵、白石山房等，陈眉公《茶董小序》说："余在茶星馆，每与客茗战……"则陈眉公隐居处应还有一座茶星馆。但《松江府志》、《佘山志》均未见记载。施绍莘所住的建筑有三影斋等。另有一间屋子，题名曰：西清茗寮，专门为品茶而建。他们二人有时也邀请对方一起品赏佳茗，各谈其感受，陈继儒也应该是西清茗寮的常客。陈眉公处处都不忘品茶。

陈眉公虽然经常到松江城内或苏州、杭州等处云游，毕竟还是在佘山深处的时候为多，琴、棋、书、画之类，无不涉猎，但也写作了许多文章。基本上可分为二类，一类是元杂剧、明传奇的批注，有《西厢记》、《琵琶记》、《牡丹亭》等，一类是内容包罗万象的笔记小说，如《太平清话》、《珍珠船》、《妮古录》、《笔记》等，诸书中都有关于茶的记载和评价。

他有关茶的论述有两点最为精辟，首先是加工的重要性，认为即使是很精美的品种，焙制不得法，仍旧把茶糟蹋掉了。举紫笋、龙山茶为例，用松萝法当然可以，但原来用的一套方法在不知不觉中又用上了。他所以特别欣赏唐人论学琵琶的故事，最好在旧法全部遗忘之后，再从头开始，才能焙制出好茶。其次是引用徐茂吴的话，主张用陶罐装，以竹箬塞紧罐口，倒悬之。使阳光绝对照射不到。屠隆也说过类似的话，不知孰先孰后也。

他还说过："余乡佘山茶与虎丘相伯仲。"陈眉公说佘山茶和虎丘茶相似，应该就是屠隆《考槃余事》所说的"精绝"的那种"虎丘茶"了，诚如乾隆《苏州府志》所说，寺庙主持觉得反受其搅不得安宁，因而将其一并砍伐，于是"遂绝"。看来当时徐叔文茶园中的茶树和苏州当时的名茶"虎丘茶"近似，而不是后来从杭州引进的梅坞龙井也。

当年陈眉公曾留下品茶论茶的遗迹和风流韵事，后世游览佘山者往往深深怀念而吟诗以寄崇敬之情。清初的大诗人吴伟业写了两首，一是《咏陈征君西佘山祠》：

通隐居成市，风流白石仙。
地高卿相上，身远乱离前。
客记茶龛夜，僧追笔冢年。
故人重下拜，酹酒向江天。

所谓"通隐"，是指陈眉公的隐居和一般隐士不同，仍保持一定的社会活动。因此即使生活在佘山，也出现了"居成市"的现象，和陶渊明的"结庐在人境，而无车马喧"形成鲜明的对照。而品茶则是主要内容之一，并非买官鬻爵或交通关节也。另一首为《佘山》：

溪堂剪烛话征君，通隐升平半席分。
茶笋香来朝命酒，竹梧阴满夜论文。
知交倒履倾黄阁，妻子诛茅住白云。
处士盛名收不尽，至今山属佘将军。

吴伟业这两首诗既突出了茶在陈眉公生活中的重要性，也歌颂了陈眉公清高的人格。我认为也很重要，因为陈眉公一度曾被指为是“飞来飞去宰相衙”的“云中鹤”，也有人认为即是《牡丹亭》中陈最良的原型。其实，都误解了。吴伟业写诗对历史真相，对人物的臧否都是很严格而审慎的。

张岱《自为墓志铭》自称“茶淫”

张岱是明末豪门的后裔，明亡以前一直过的是锦衣玉食的奢华生活，难得的是他在充分满足物质享受的同时，却并未停留于享受，对于衣食住行以及各种娱乐都作了别具慧眼的探索，进而尽可能从学术或兴趣的角度，总结出许多宝贵的经验。明亡以后，他成了一个与世隔绝的隐士，过着非凡贫困的生活。他做了两方面的工作，第一是用优美的文笔写成两本回忆录：《陶庵梦忆》和《西湖梦录》；第二是修著了一部视角较为独特的明史《石匮书后集》。

《陶庵梦忆》内容异常丰富，牵涉到种植花草、喂养鱼鸟、佳节风尚等。其中有关戏曲表演的记载已引起戏剧理论界充分重视，张岱所赞赏的彭天锡、朱楚生诸人的表演艺术的记载一再被引用，并加以分析研究。关于茶艺，他也说得较多，人们的重视也仅仅是开始。他的《闵老子茶》确是前无古人后无来者的精彩绝伦的奇文。文章前面半篇是闵汶水在试探张岱究竟有没有和他探讨茶艺的决心和耐心，并未涉及茶艺的本身。后面的半篇实际上才是主要内容：

灯下视茶色，与瓷瓯无别，而香气逼人，余叫绝。余问汶水曰："此茶何产？"汶水曰："阆苑茶也。"余再啜之，曰："莫绐余。是阆苑制法，而味不似。"汶水匿笑曰："客知是何产？"余再啜之，曰："何其似罗岕甚也？"汶水吐舌曰："奇，奇。"

这是第一回合。闵汶水用阆苑制法的罗岕茶给张岱喝，骗他是阆苑茶，被张岱识破了，点明这是罗岕茶。闵汶水心里很佩服，口中称奇。

余问："水何水？"曰："惠泉。"余又曰："莫绐余：惠泉走千里，水劳而圭角不动，何也？"汶水曰："不敢复隐。其取惠水，必淘井，静夜候新泉至，旋汲之。山石磊藉瓮底，舟非风则勿行，故水之生磊。即寻常惠水犹逊一头地，况他水耶？"又吐舌曰："奇，奇。"

这是第二回合。闵汶水骗张岱，说用的是惠山的泉水。又被张岱识破了。

言未毕，汶水去。少顷，持一壶满斟余曰："客啜此。"余曰："香扑烈，味甚浑厚，此春茶耶？向瀹者的是秋采。"

最后一个回合，张岱把春茶、秋茶的不同味觉讲了出来。于是使闵汶水为之五体投地。"闵汶水大笑曰：予年七十，精赏鉴者，无客比。"认为他七十年来所遇到的精于茶艺品评的人当推张岱为第一，他人都望尘莫及。闵汶水对茶艺的造诣应该说也是极高，他们二人在伯仲之间。但闵汶水拙于文字，且对其他文学、艺术则所知甚少了。十分遗憾的是虽然《闵老子茶》一文曾引起人们的兴趣，却只是停留于文笔的欣赏，而未从茶艺角度深入，从史料方面予以钩沉。其实张岱对闵汶水确实钦仰，除此文之外，《陶庵梦忆》中另有《王月生》，为"曲中上下三十年，决无其比也。面色如建兰初开，楚楚文弱"之名妓。而且"好茶，善闵老子，虽大风雨大宴会，必至老子家啜茶数壶而去。所交有当意者，亦期与老子家会”。看来，这王月生是明末最懂茶艺的名妓了。

那么，是否张岱的鉴赏、品题闵汶水有偏见呢？恐怕没有，因为他是听到周墨农的推荐才去拜访的，而且王月生的那些事情也可以作为旁证也。郎瑛《七修类稿》：“歙人闵汶水，居桃叶渡上，予往品茶其家，见其水火皆自任，以小酒盏酌客，颇极烹饮态，正如德山担青龙钞，高自矜许而已，不足异也……”郎瑛未多谈与闵汶水的交往，而是比较具体而详细地评介了闵汶水的茶艺，正可以补张岱之不足。

张岱对茶艺造诣之精，《禊泉》、《兰雪茶》有所反映。他说：“辨禊泉者无他法：取水入口，第桥舌舐腭，过颊即空，若无水可咽者，是为禊泉。”这本来是极难用文字表达的感觉，他却恰如其分地表达了。他认为禊泉之佳妙，“会稽陶溪、萧山北干、杭州虎跑，皆非其伍”。应该说，张岱把水的重要性估计得相当高，决不在茶之下，至少是平分秋色。他对自己辨别水的能力颇为自信，所以说：“昔人水辨淄渑，侈为异事，诸水到口，实实易辨，何待易牙？”听起来神乎其神，似乎近乎夸张了。《兰雪茶》主要谈当年他采日铸茶加以精制，其色、香、味一如“百茎素兰同雪涛并泻也”。所以取此名，“四五年后，‘兰雪茶’一哄如市焉。越之好事者不食松萝，止食兰雪”。可见当时张岱曾经使浙江茶客的口味为之转变。

自为墓志铭，应该是本人的盖棺论定，其史料价值不容低估。张岱的《自为墓志铭》说：“兼以茶淫桔虐，书蠹讨魔，劳碌半生，皆成梦幻。”承认了他对茶艺的热爱。而且又再一次强调了“啜茶尝水则能辨渑淄”。对此，我感慨万分，在《自为墓志铭》中，他并没有奢谈戏剧表演艺术，我们戏剧史论家对其有关戏剧著述十分重视，详加评论，并没有错。但今日茶文化研究者对张岱有关茶艺论述不够重视，则希有待改进。

林确斋与林茶

林确斋并不是十分知名的人物。清初江西有一个以《大铁锥传》作者魏禧为首的明代遗民群体，共有九人，皆通《易经》，因此被称为“易堂九子”。林确斋为其中之一，魏禧传世诗文中提到林确斋之处不少，并为之专门写了一篇传记。

说来颇为离奇，这篇传记却名为《朱中尉传》。原来林确斋的身世显赫，乃是明太祖朱元璋的后裔也。朱元璋第十六子朱权，协助朱棣登上了皇位，他自己的宁王府位于南昌，子孙自然也基本上在江西居住。朱中尉并没有仗势而横行不法，而是“四方豪杰多从之游”。又拜名师，习经义学术。

甲申，李自成破北京，乙酉，金声桓攻入南昌，朱中尉偕彭士望到宁都，与魏禧相晤，成为生死之交。也就在此时，他决心隐去皇族身世，改称林时益，号确斋。俨然一介寒儒也。

易堂九子过的是隐居生活，既不做清廷的官吏，也不参加清廷举办的各级考试，因为住在宁都城里的话，免不了官府的侵扰，所以九个成员的家庭全部搬迁到了远离市集的翠微峰中。这九个家庭虽然生活很简朴，但人口众多，日子一长久，经济上也困难重重。

好在林确斋不仅能诗能文，而且精通种茶、制茶、品茶的艺术，当初作为休闲，或者说一种生活乐趣，此时此刻，他决定以此为解决生活困难的手段了。但是，种茶要讲究地质、水源、气候，翠微峰并不适合，他经过调查研究，选择了另一远离通都大邑的所在，名曰冠石。

这地方在余干县境内，是冠山之石峰的简称，相传唐代的陆羽很欣赏这里的泉水，曾在这里凿石为灶煮茶。《茶经》说“烹茶于所产处无不佳，盖水土之宜也”。由此推论，陆羽烹茶之处应当适宜种茶的。大概林确斋由此选中了冠石这一块山地。

林确斋迁往冠石的经过，魏禧为他所作传记中说得很详细：“率妻子徙冠石，种茶。长子楫孙，通家子弟任安世、任瑞、吴正名，皆负担亲锄畚，手爬粪土以力作，夜则课之。读《通鉴》，学诗，间射猎，除田豕。有自外过冠石者，见圃间三四少年，头著一幅布，赤脚挥锄朗朗然歌，出金石声，皆窃叹，以为古图画不是过也。”魏禧说明林确斋所率领的种茶队伍人员不少，有他的儿子，还有三位则是他友人的儿子。所用肥料则包括大粪在内。他们白天种茶，晚上就跟林确斋读《资治通鉴》，并学创作诗歌。至于打猎，恐怕不是为了猎取野味，因为野猪既会践踏茶苗茶树，也会伤害人和家畜家禽的。

魏禧又有《林确斋四十又一诗以赠之》：

君家初来时，舣舟长桥侧。
甫闻及晨兴，披衣走砂碛。
蓬头面未赜，坐君相盘辟。
遂庐翠微峰，八载共晨夕。
患难生饥寒，君乃迁冠石。

掇锄过水庄，滃然心相得。

可见虽然分居在两地，彼此还是心心相印的。

冠石经过林确斋的惨淡经营，穷乡僻壤逐渐人气旺盛了，而且林确斋究竟不是一般的农夫，原来有多方面的社会关系，凡是没有成为清朝新贵的遗民先后来探望他的不少。林确斋作《冠石》：

城西之石峰嶙峋，冠石之冠古制存。
初以力耕久为客，时因避乱还成村。
窗间无数桂花叶，屋里一株桃树根。
山口竹柝响清昼，远林归尽锄茶人。

不但介绍了冠石的环境，对力耕的情况，还有山间的清静幽雅，历历如绘。击柝则是巡查治安工作，有人守候，并提防盗贼或野兽的侵袭也。

林确斋不仅种茶，而且还制茶，即采摘之后的进一步加工。他酬答顾东山的诗便说“美贻忽漫将诗至，匪报翻嫌制茗迟”。但制作技艺的过程却未有记载。当时，既有“林茶”之称，想必自有其特色。

加工之后，茶便是成品了。但冠石地方比较偏僻，茶的产量不可能十分多，又无其他著名的土特产，因此贩茶的商人不会到冠石来收购。林确斋只得自己运出冠石，直接销售给消费者或某些较小的茶叶店。他的《程士喆客至广昌，予亦以卖茶至，留饮，饮罢登城西作》、《卖茶新地，简夏菊庄进士好方脉地理》、《卖茶黎川四十日，不得过寿昌喜梅和尚出广照寺》等诗都是他卖茶生涯的写照，可以知道他在卖茶的同时，经常趁这个机会访晤昔日的知交好友，有时互以诗文酬答，有时痛饮饱醉方休。

看来有一段时间，他虽忙于种茶、制茶、卖茶，但心情还是可以的，既解决了生活问题，又从中得到了自由自在的乐趣，所以便自称“茶人”了。《寿涂太君七十》：“黎水惭丸见柳母，涂山兰谱及茶人。山中岁岁生灵草，采制无嫌献寿频。”林确斋称他自己种植的茶叶为灵草，以此作为礼物向涂太君祝寿，所以以“茶人”自居，似乎有着一种十分良好的自我感觉。而另一首《广陵别涂子山》，以“茶人负担古黎川”开其端，最后两句是“白首灯前看独笑，如君绝不梦田园”。情绪也是愉快的。

他制的茶属何品种类别，易堂九子的诗文中均无明确记载，但从他本人的诗歌创作仍旧可以得知大概。《赴刘峻度饮罢喜月出》：“红灯白茗频移座，醒客如君才谓能。”《夜到寿昌喜晤座上客》：“消渴不须春茗白，甘寒最爱晚桃红。”《卖茶黎川四十日，不得过寿昌喜梅和尚出广照寺》：“入肆近虽售白茗，到山多是看丹枫。”三首诗两用“白茗”，一用“茗白”，由此，我认为林确斋制的是白茶。

虽然宁都的翠微峰与余干的冠石距离不太近，但是易堂九子之间仍过从甚密，魏禧有一次偕同江仲玉先到了附近的刘氏园，随后又和骆圣文一起来探望林确斋。林确斋颇为激动，写了八首诗。第一首云：“采蔬池上圃，煮茗石中泉。”他们在一起进了餐，也品了茶。第二首云：“折枝筒小管，塞上灌清泉。”反映田间劳动。“果熟堪充佩，花开直卖钱。”说明花木果树长得都很好，可以说丰收在望。“自惭生计拙，负茗向黎川。”可是为了生计，还得远去黎川，把茶叶卖掉，才有钱开销。

魏禧又有《同彭躬菴南下躬菴以卖茶登路怅然成诗》：“夏日何炎炎，君行之何处？舟居多热风，犹复胜行路。丈夫持素手，出门无安步。”看情况，天气十分炎热，彭士望为了替林确斋推销茶叶，只好冒暑登程了。魏禧觉得乘船固然热闷，还是比两条腿在烈日下奔走要轻松一些。《同曾照山宿冠石》，那是住在林确斋处写的，当然，在冠石住几天也决不止仅仅这一次。

究竟种茶的劳动不轻松，林确斋壮年时还能胜任，后来人过中年，就逐渐力不从心了，从屋子里来往茶园也要使用手杖了。在诗中说：“采山予渐老，扶策子仍贫”，好像指的是来客使用了手杖。但另一首诗说：“几时瘦杖离溪上，忽漫方袍扣邸中”，是说他自己既消瘦而用手杖了。魏禧有《杖铭》之作，共两句：“我持而乎而，而扶我乎而”，是说乍看是我持了杖，却也是杖扶了我。林确斋在铭文后面有评题两句：“朋友相须，如是如是”。

林确斋活了61岁，便告别他的魏禧等友人，告别他经营得相当不错的茶园逝世了。从此，“林茶”也从市场上消失，种植、制作的操作规程也没有流传下来。

多年以后，王士祯《渔洋诗话》说：

林确斋者，亡其名，江右人。居冠石，率子孙种茶，躬亲畚锸负担，夜则课读《毛诗》、《离骚》。过冠石者见三四少年，头着一幅布，赤脚挥锄，琅然歌出金石，窃叹以为在图画中人。

除了前面：“林确斋者，亡其名，江右人”三句外，其余全从魏禧的《朱中尉传》中抄袭而来，改动了几个字而已。令人不解的是王士祯似乎并没有看到《朱中尉传》的原文，否则就不会闹“林确斋者，亡其名，江右人”的笑话了。话说回来，《渔洋诗话》流传甚广，流传的程度超过了《魏叔子文集》，更远远超过了《朱中尉诗集》，所以我有必要把林确斋这位坚持民族气节隐于茶的奇人的生平及其经营“林茶”的经过作一简单的介绍。

方文的茶缘

方文（1612—1669）出身于安徽桐城的望族，为明末清初这一时期以诗著称的文人，他坚守民族气节，虽然相识遍朝野，入清之后，始终未出仕任何官职，穷困一生，藉医卜而糊口，以遗民终老。著作有诗集《涂山集》传世。

对于名臣、良将的死难，对于亲朋好友的离散，方文往往情不自禁地写了不少诗歌，抒发他的遗恨、苦闷。除此以外，就是借茶、酒以浇胸中的垒块了。他的诗歌，和茶、酒有关的很多。

桐城地处大别山麓，方文应该是从小就喝六安、霍邱、金寨、岳西一带的茶长大的，对茶有浓厚的感情和兴趣，决非偶然。而他与别的遗民、野老、僧道交往时，自然也都离不开茶了。

龚贤，号半千，也是以民族气节自持的著名画家，曾在扬州一带寄寓多年，回南京时，方文有《喜龚半千还金陵》诗，欣喜之情溢于言表。随即写了《寒食日宿扫公房》：“入门见群树，海棠花正殷。花下一杯茗，顿觉开襟颜。先是文与龚，坐久寻复还。”这一次品茶，就是文及先、龚半千在一起相会时的主要活动。而扫公是一位老僧，“厥徒字扫叶”，则点明了扫叶楼的来历。按季节而言，寒食很可能是新茶上市了而尝的新茶。煮茶是否烧的是扫的落叶则不得而知。

方文与龚贤品茶时谈了些什么？诗中未透露任何信息。据孔尚任访问龚贤后所写的诗，龚贤是不轻易见客的，他和龚贤所谈的内容都是不宜透露的。而方文也闭口不说交谈的内容，那就肯定是谈的清军攻陷南都前后的有关事件了。方文还有一次与龚贤等在一起品茶，是在“半山禅客”处，杜于皇等人都题了诗，方文也题了一诗，以志不忘。

与方文一起品茶的人，以出家人为主，上述的扫公即是其中之一，又如《锦山岭夜月》：

> 奈何深夜犹贪立，如此清光不忍眠。
> 忽见茶炉余活火，老僧重与汲山泉。

正如俗话所说：“天下名山僧占多”，这建昌城内的锦山岭，风景绝佳。岭上虽仅有破败的寺庙，出家人却乐于在此消磨时光，方文到此，两个人谈得投机，品茶品到深夜，却仍不去睡，而是重汲山泉，继续再品茶了。

《江上望九华山雪》：

> 雪后江南见九峰，九峰均作玉芙蓉。
> 何年始践山僧约，扫雪烹茶过一冬。

可见九华山寺庙中某一位僧人早已与方文有约在先，希望方文能在隆冬季节上山，一同扫雪烹茶。看来他们雅兴不浅，而且对茶艺颇为在行，一般市井俗客决不会扫雪烹茶的。

《僧话》：

> 爱此琉璃佛面光，与僧闲坐竹间房。
> 纷仿辩驳无他语，争道茶芽某处香。

大约诗写在清明、谷雨前后，著名的茶乡已经有新茶上市了，他们得到了一些信息，所以在议论纷纷。

这里要说明一个问题，为什么方文的诗凡是涉及品茶的，往往都和僧人有牵连？这是因为清兵攻破南都之后，凡是不肯降清的明代官员与一般文人除了自杀殉节之外，剃度出家的也有一大批，例如方文的侄子方密之，也是入清以后就出了家的。这一类“僧人”有的本来就和方文比较熟悉，即使不是太熟悉，彼此也多少有些了解。此时此刻，有机会相见，如能品茶长谈，当然也是“一乐也”，不会轻易错过。

《偕盛林王、张介人、陈元锡过访陈翼仲山庄》共三首，第一首如下：

> 为访灵泉到古庵，泉源尺五少人探。
> 一星松火权消受，酒洌茶香饭亦甘。

我原以为陈翼仲的山庄为古庵旧址，但第二首第一句为“手把僧锄斩竹丝”，也许锄头是从前僧人留下的，而第三首却又说：“老僧戒律最精严，盛暑袈裟食不嫌”。可见当时方文是和穿着整整齐齐的袈裟的老僧一起品茶、饮酒并用餐的。我想很可能陈翼仲与古庵为邻，是一位居士吧？

方文此行主要目的不是探亲访友，而是为了寻访灵泉。泉水源头深达一尺五寸，所以一般人就怕麻烦而任其流失了。方文既然对品茶兴趣浓厚，当然要想尽办法“消受”一下“灵泉”。他们烹茶时用的是“松火”，这一切景物组合得浑然天成，宛然是一幅远离尘俗的《遗民品茶图》。《赠大舆上人》、《即事赠周建西子常》：“贫士那能长得酒，花村茶食日相邀。”这分明是“以茶代酒”了，并不是因为夜深无处可沽酒，而是无钱沽酒也。《焦山绝顶》二诗也都题咏他与高僧一起品茶的事。

《夜同少月过许铨臣小饮》七律有这样四句：

> 褰裳涉水路非远，乘月叩门僧自知。
> 以果当茶休汲井，将灯照壁细看诗。

方文在很多首诗中用了“苦吟”二字，可见他对唐代苦吟诗人贾岛的仰慕之情，“乘月叩门”也是用的贾岛的典故。写出了月夜的静谧。方文诗中又出现了“以果当茶”，把仿佛世外的气氛再一次渲染，完全没有人世烟火味了。

明末以气节自持的文人，出世的途径各异，皈依佛教者甚多，如八大山人朱耷、《桃花扇》中老赞礼原型张瑶星则都是皈依了道教。方文到山东漫游时，到了济南，在趵突泉品茶时，就是道人接待的。这位道人应该和方文有较多共同语言的。另有《张道人园居歌》：“道人性复知爱客，每日烹茶供肴核，此间安乐忽思归，且待秋凉再区画。”有茶可品，方文不思归了。

方文对于泉水情有独钟，因为他所嗜好的茶与酒都离不开泉水也。

曾经有多次经过无锡，但因行程紧促，没能在惠山停下来。甲申那年，他终于有机会亲自探访了“天下闻”的“惠山之泉”，并且写下了《惠泉歌》。诗为古风，较长，后面一半则是：

中有方井覆二井，一井泉甘一井苦。
甘者行汲苦照影，山水性情何瑰奇。
咫尺之间分淳漓，世人不识山水理。
但闻惠泉便云美，予家乃在龙暝山，
中有清泉日潺潺，其味与此正相似，
从不著名于人间，乃知山水亦有幸不幸；
所居冲僻是其命，陆羽品泉亦偶尔，
如谓真有第一第二吾不信。

我认为把道理讲得很透彻了，惠山泉当然是不可多得的灵泉，的确是因为其位置在大城市附近，因此便出名了，其实深山幽谷之中，清澈甘美的泉水有的是，外间不知情而已。再说陆羽，也只是把他品尝过的泉水排一个顺序而已，世人可以作为参照，但大可不必以此作为定论也。方文是这样理解的，就这样说了出来，是其可爱之处。

林确斋所写诗中，曾出现“茶杖”一词，我曾以为茶树生在山阿之间，前往采茶，步履维艰，需策杖而行。而方文有《茶杖》七绝如下：

庐岳茶芽岁岁生，茶条百岁始能成。
砍来作杖坚于竹，绝壑层峦任意行。

可知山中有较为高大的茶树，其枝干的长度适合用于作手杖也。

方文一生在南京居住的时间最为长久，虽然也曾到杭州、扬州、济南等处漫游，却并未停居。他写了不少与茶有密切关系的诗，却极少提到茶的品种，也没有涉及茶的色、香、味。他在南京家居时品尝得最多的恐怕是安徽宣城敬亭山所产的敬亭绿雪。因为他曾到过宣城的敬亭山，而且后来在诗歌中一再提到敬亭山。尤其与诗人施闰章（施愚山）的交谊非常深厚，施闰章一直宦途相当顺利，生活优裕，曾赠送给汪懋麟上好的敬亭绿雪，而他与方文的关系远远超过汪懋麟，方文的穷困也超过汪懋麟，更何况施闰章对方文的诗又极端推崇，认为“兴会所属，冲口成篇，款曲如话，真至浑融，自肺腑中流出，绝无补缀之痕”呢！施闰章对方文的接济，当然不会仅仅是家乡特产的名茶，也会有柴米油盐之类的生计必需品也。

无巧不成书，方文有两位过从甚密的好友，都用“茶”字为号，第一位是杜于皇，号茶村。方文《送杜于皇北上廷试》，有云：“驻辇临轩应有问，莫教痛哭了长沙。”把此人比作贾谊，期望甚高，后来亦能如愿。明亡之后，也成了遗民。另一位是靳茶坡，方文的《题靳茶坡读书图》：“辟世自应知者少，传神亦觉画工难。安能买宅墙东住，长与先生共岁寒。”可见对其人品甚为赞赏，可惜靳茶坡过世甚早，方文又写诗，沉痛地表示哀悼。

方文所写与茶有关的诗不仅以上所举，还有一批，内容比较一般，不再一一列举。但已经可以看出方文的爱茶，绝对不是解渴，也不是一般的欣赏，而是用茶解忧解恨，而且“以果当茶”首先是他提出的，“茶杖”为何物，也是他的茶诗作了完美的解释。

方文在诸多方面与茶的缘分如此密切，在历代文人之中确是独一无二的。

名茶的来历

沱茶与茶马古道

抗战八年，我在重庆生活了六年，本来在故乡溧阳、在上海，都是以喝龙井茶为主，在重庆则以喝沱茶为主了，因为交通阻塞，偶然市上有龙井茶，价钱也太贵，喝不起也。

那时，对“沱茶”两字不求甚解，认为理所当然是四川（当时重庆属四川省）所产，同时认为“沱茶”就起源于四川的。因为别的省市极少见到类似重庆的牛角沱、唐家沱等一类地名，把濒临长江、嘉陵江岸边的市集名之曰“沱”，这种习俗和上海把濒临黄浦江、吴淞江的市集名之曰北新泾、枫泾、泗泾差不多。

刚胜利时，在重庆喝到了云南的“下关沱茶”，色、香、味都有特点，我以为“下关沱茶”是受了四川“沱茶”的影响而制作的，没有注意其历史渊源。

这个问题一搁就搁了六十多年，进入新世纪之后，品茶在我的日常生活中的比重有增无减，有关茶的学术论著与文艺创作也读得多了，于是，又想到了这个问题。原来那些论著大都认为“沱茶”渊源于云南，后来四川、重庆也制作“沱茶”了。当然也没有能提出有力的证据。

有一种论点，说云南生产的紧压茶“销往四川沱江一带”，又被四川人“用沱江之水冲泡”，“逐渐演变成现在的沱茶”，其逻辑推理过于勉强，因浙江杭州的龙井茶到了上海，用黄浦江水冲泡，仍旧称为龙井茶，从未有人称为黄浦茶，任何一种中国茶叶，到了美国，用密西西比河水冲泡，也不会改称密西西比茶也。

我试图从唐、宋古籍中寻觅“沱茶”的片言只字，一无所获。但也有意外发现，南宋大诗人陆游，对茶兴趣甚浓，60岁前后在四川逗留多年，在诗文中，有“蛮溪、大沱，皆蜀砚之美名也”之说，可以证明不仅在四川，“沱”字的用法也比较广泛也。陆游还有诗句：“屈沱醉归诗满纸”，屈沱，指屈原的故乡，固然已经在湖北，不在四川，但离云南则更远矣！

另一说，“沱茶”系从“坨茶”演变而来，而且说内地所产井盐、岩盐，往往都是块状物，被称为“坨”，因此被紧压成块的茶被称为“坨茶”。这种可能性不能排除，但是不能由此证明沱茶最早产生于云南，因为四川的井盐、岩盐的生产历史既不晚于云南，规模则远较云南宏大也。

又有一说，沱茶之“沱”也许因为“龙团凤饼”等“团茶”之“团”演变成谐音而讹读成“沱”，也是一种猜测。这倒使我想起散曲大家卢冀野的散曲《咏同心茶》，现被凌景埏、谢伯阳编进《全清散曲》，全曲仅五句如下：

咏同心茶——议长蒋公宴参政席上语

今宵共举茶瓯，同心欲似吾侪，一盏沱团当酒。大功成后，大家痛饮神州。

当时正值抗战后期，国民党政府为了摆出民主姿态，组织了国民参政会，中国共产党自然没有参加。卢冀野则是所谓参议员，而且十分活跃。他这首散曲也无多大意义，对“沱茶”而言，却提供了一些史料。首先是蒋介石招待众参政员，没有用酒，而是以茶代酒，用了当地土产“沱茶”。其次，“沱团”二字说明了沱茶乃团状，也可以认为“沱”是地名，那么，沱江一带所生产的团状之茶就称为“沱团”了。再说，像这样高级别的招待会就用沱茶，沱茶的品位并不低下，有高档的，则供应高官显爵们。

我以上所谈，都是谈的有关四川、重庆等地的掌故、往事。但是，我虽然觉得四川、重庆的沱茶最早来自云南一说不一定可靠，也不能肯定云南的沱茶是从四川、重庆一带流传过去的。沱茶的出现，我是二元论者。

四川、云南两地产茶的历史都非常悠久，唐代都已见于记载。“蒙顶山上茶，扬子江中水”。这是最理想的搭配，蒙顶茶被视为无上极品，但产量不多。在云南，茶的产量超过四川，物以稀为贵，普洱茶等反而因为量多，价格很难超过蒙顶。从这些方面比较，很难找到与沱茶渊源有关的论据。

现在只能根据残存的历史地理遗迹来考察，四川、云南都是遍布崇山峻岭的地方，无论任何货物的运输，尤其四川通往西藏的交通路线，都十分险要。而云南西双版纳的茶要运往西藏或国外的缅甸道途也很艰苦。四川和云南运茶去边疆只能靠用马队长途跋涉。于是，就出现了现在还可找到遗迹的茶马古道。中国人自古在生产上充满智慧，他们发现散装的茶运输极不方便，而且体积大，不能多载，于是想到了在加工过程中予以紧压的办法。当然，四川、云南两地一开始紧压的技术和形式不一定相同，到后来彼此互相取长补短也是必然的了。

现在，四川的康定、雅安等地还保存了多处茶马古道的遗迹。在云南丽江，确实也有古代茶马市的记载。宋代在四川、甘肃等地设有名为茶马司的官员，不知何故，云南却没有。另有一说，茶马司同时管茶政、马政，不一定与茶马古道有关，那就更使人困惑了。

最后，我怀疑“沱茶”之说也有可能与茶马古道有关，马驮在背上的茶，称之为“驮茶”，完全顺理成章。当时没有记录成文，后经口传，笔录之时成了“沱茶”。当然这是猜测，尚无法论证。

刘基与日铸茶、平水茶

就在陆羽完成《茶经》的同时，湖州的顾渚紫笋茶开始驰名于海内了，稍后越州（绍兴）的日铸茶也获得了盛誉。日铸茶“叶纤而长，其绝品至三二寸，不过数十株。多啜宜人，无停滞酸噎之患”。

茶名“日铸”，自然有其来历！原来绍兴城东南55里处有一座山，名日铸岭，相传为古代欧冶子炼剑之处，向阳的山坡无论上午或下午阳光都非常充足，于是被命名为日铸岭，岭上所产之茶，乃名之曰日铸茶了。

但是在绍兴城东南，离日铸岭不远，又有一处市集名平水。据元稹为白居易的《长庆集》所写序文，记载了十分有趣的事情，在市集上，凭元稹或白居易诗歌的转抄本居然可以换取酒或茶，可见当时当地文风之盛。

平水市集上的茶是否就是附近日铸岭上的日铸茶呢？唐宋二代的官方文书和文人的诗文都没有作正面的解释。

宋代的欧阳修著《归田录》一书，说：“草茶盛于两浙，两浙之品，日注第一。”不知道他有何根据，把“日铸”改成为“日注”。

后也有人依从，但不依从者为多，如元末明初的刘基、明末的张岱，他们仍称之为“日铸”。

南宋诗人陆游，乃是绍兴人，对茶有十分浓厚的兴趣，无论家居或在异乡，无论闭门读书或与亲友欢聚，都离不开茶，也留下了许多吟咏品茶的诗篇。他早年在绍兴品茶，极少提到茶的产地、品种，我认为很可能就地取材以日铸茶为主，而不一定寻访别的品种了。五六十岁时，在四川、陕西等地做地方官时，有一首诗，题为《试日铸、顾渚茶》：“吾是江南桑苎家，汲泉闲品故园茶”，可见他对故乡的日铸茶感情至深。

经过元军跟踪追击南宋残余政军人员的绵延多年的战争，原来的社会经济遭到严重的破坏，老百姓饥寒都难解决，品茶的风气自然难以延续。日铸茶的产量本来有限，所以整个元代关于日铸茶以及平水茶的记载、诗文极少极少。元代的王祯著《农书·茶》，颇为简略，关于日铸茶、平水茶未有片言只字。陆廷灿编《续茶经》，元人著述也收了杨维桢、倪瓒诸人的笔记，但关于元代日铸茶、平水茶的情况基本上是一片空白。

最终，我想到了刘基的《诚意伯文集》，55 年前，我编译《刘伯温的寓言》一书时，记得他有好几篇关于日铸茶、平水茶的游记、诗歌也。

刘基被朱元璋招纳之前，虽然做过元政权的小官，却过着苟全性命于乱世，不求闻达于诸侯的闲适生活。他和石抹宜孙等一批蒙古族官员以及浙江许多骚人墨客都有广泛的交往，还有许多道教、佛教的知名人物的朋友，所以绍兴的日铸岭也成了刘基探幽怀古的场所。

至正十五年（1355 年）夏天，刘基到了绍兴，从水路经镜湖、若耶溪、昌源等地前往平水。有《出越城至平水记》一文，对经过情况记录颇详：

……有故宋废陵，盖理宗上皇之所葬也。其上有山，状如香炉，名曰香炉之峰。入南可四里日铸浦，是为赤堇之山，其东山曰日铸，有铅、锡，多美茶。又南行六七里，泊于云峰之下，曰平水市，即唐元微之所谓草市也。

游记还说：“故竹、木、薪、炭，凡货物之产于山者，皆于是乎会，以输于城府。”不言而喻，所产美茶也是从这里输于城府的了。

根据刘基这篇文章，可以说明日铸茶是日铸岭一带的农产品，同时也是平水集市上的商品平水茶。

必须要说明的是：即使是在元微之为白居易的诗集写序的年代，平水集市上所供应的茶叶，已经不仅是出产在附近的日铸岭的，而且嵊县、萧山等地的茶叶也是以平水为集散地的。后来范围更日趋扩大，东阳、金华等地的茶叶也曾先后出现在平水集市上。

《活水源记》说：

其东南山曰日铸之峰，欧冶子之所铸剑也。寺之后薄崖石有阁，曰松风阁，奎上人居之。有泉焉，其始出石罅，涓涓然，冬温而夏寒，浸为小渠，冬夏不枯。

《自灵峰适深居过普济寺清远楼记》说：

日色方炽，上人出茶、瓜、酒、食延客，开户左右眺，则陶山、刺浮、柯公、秦望、紫霞诸山尽在眼底。有泉出竹根，流入于楼下，其声琅琅然。

两篇文章分别提到了“涓涓然”和“琅琅然”的泉水，刘基在松风阁、清远楼所品的日铸茶应该就是分别用的这两处泉水沏的，当然相得益彰了。砥上人招待刘基他们非常热情，摆出了“茶、瓜、酒、食”，茶列为第一款，可见宾主都对日铸茶很喜爱。

当时的天下大势，正如刘基在《忧怀》诗中所说那样“群盗纵横半九州，干戈满目几时休”，因此，许多文人都不再想从功名利禄中寻找出路，而纷纷皈依了佛教或道教，刘基游览日铸峰、活水源、平水集市并不是自掏腰包，而是作为嘉宾，接受这一带的普济寺、明觉寺、开元寺等名山古刹的住持机上人（圆中）、奎上人、砥上人等一批高僧的邀请而来的，所以品尝到了最好的泉水冲泡的日铸茶。

而且刘基又邀请他的几位好友一同前往的，行程也相当从容，风景绝佳之处就住上一宵。这几位好友是天台朱伯言、东平李子庚和会稽富好礼。这位朱伯言看来和刘基的关系最密切，他们在旅途中都写了即景生情的诗歌。刘基有《次韵和朱伯言自云门之天衣途中作》七律：

即看红蕊发江南，渐见桑叶可浴蚕。
日铸雨余峰似髻，云门烟合树如篮。
青猿不避游人过，碧涧能消宿酒酣。
况有山僧能解事，何妨聊驻使君骖。

开始两句，点明了这次旅游的季节，既是农家育蚕正忙，也是日铸茶采摘的时分，较早采摘的已经可以品尝了。可以说主人选择此时此刻邀刘基一行前来是经过一番研究的，山山水水固然任何时刻都可欣赏，品尝新的日铸茶却以此时最为理想。“青猿不避游人过”，写出了云门山、日铸峰当时野趣盎然，几乎保存了一种接近原生态的自然环境。山涧中的泉水呢？“涓涓然”是视觉上的感受，“琅琅然”是听觉上的效果，“雨余”这种感觉、效果当然又有所强化。但对刘基他们来说，更主要的是用来沏茶，以化解昨夜酣饮而尚未消解的醉意了。

机上人、奎上人、砥上人等，都不是一般到处化缘，忙着诵经念佛的和尚，实际上是“隐”于寺院的失意文人或落魄官僚，他们招待刘基一行，或是请题写匾额，或是借此自抬身价，所以会尽量满足刘基他们的要求，所以刘基认为机上人等“能解事”，希望朱伯言能够多住几天。

刘基在绍兴停留了三年之久，到日铸峰、平水市集至少有两次。一次刘基、朱伯言两人同时回绍兴，刘基有《自天衣还城赠伯言》。还有一次，刘基在日铸逗留的时间较长，朱伯言就先回去了。刘基《茶园别朱伯言郭公葵》：

细水欢烟送客舟，离情恰似水东流。
此时对酒难为乐，何处寻春可纵游。
去雨来云天渺渺，轻蜂乱蝶日悠悠。
绝怜短发无聊赖，一夜如丝白满头。

很可能他们这一行就是住宿在茶园的，或者在茶园进餐、品茶，然后握别的。“对酒难为乐”也不是故作姿态，上面一诗说“碧涧能消宿酒酣”，要靠茶来醒酒。另一诗则说“解忧惟有樽中酒，疾病年来已厌斟”。刘基中年时爱酒超过茶，随着岁月推移，年渐老已不胜酒力，再加上他担心乱世难以自处，也担心说错话做错事，后来主要品茶以休闲，绝少斟酒了。

刘基又有《送李子庚之金陵》，这位东平李子庚应该是专程来绍兴，陪同刘基一同游览日铸峰，平水市集，一同品尝日铸茶的。

元末战乱之际，江南的社会极不安定，品茶的风俗习尚也会受到影响，日铸茶在南宋时代的盛行成了陈迹。但刘基这些诗文仍旧提供些许信息，日铸茶的茶园尚在，平水的市集尚在。果然，到了明代，日铸茶、平水茶又都兴旺起来了。

至于平水市集上茶商不满足于运销，又进行精细的加工，制成珠茶，这是更往后的事情了。其不一定用昂贵的日铸茶，而用价格比较一般的绍兴所属上虞、嵊县乃至东阳、金华等地的茶叶原料为主了。说珠茶之名系日铸茶被改称为日注茶之后，又将“注”读成“珠”了，这是非常牵强的。珠茶之“珠”系象形其圆珠之状，与碧螺春之“螺”状情况近似，并非“注”之谐音也。周作人《吃茶二》写作于抗战之前。说：“从小就吃本地出产本地制造的茶叶，名字叫做本山。”“近年在北京这种茶叶又出现了，美其名曰平水珠茶”。这就是有力的证据。

刘基谈苦茶

关于苦茶，中国古代茶书、茶文中只是偶尔涉及，大都语焉不详。但虽然简略，却也颇为分歧。

陆羽《茶经》引《尔雅》“其名，一曰茶，二曰槚，三曰蔎，四曰茗，五曰荈（原注：周公云：槚，苦茶。）”。这是第一章《茶之源》的部分。到了第五章《茶之煮》，则又说：“其色缃也，其馨也，其味甘，槚也。不甘而苦，荈也。”前后显然不统一，究竟槚是苦茶呢，还是荈是苦茶呢？

郭璞《尔雅注》：“今呼早取为茶，晚取为茗，或一曰荈，蜀人名之苦茶。”值得注意的是：郭璞认为茶、茗、荈，同为一物，不过采摘有早晚而已。

华佗《食论》：“苦茶久食益意思。”陶弘景《杂录》：“苦茶，轻身换骨，昔丹丘子、黄山君服之。”都是说的苦茶的功用，不无夸张之处。

“五四”以来，人们对苦茶这个问题没有给予关注，也在情理之中，抗战前后，国难当头，周作人却叫唤“且来寒舍吃苦茶”，后来干脆出任伪政权的高官，做了汉奸。引起了公愤。

当年周作人也写了《关于苦茶》等文章，转引了《本草拾遗》诸书，但实际上都是讲的苦丁茶。严格地说，并不属于茶也。

我认为华佗、陶弘景所谈的苦茶，极少有可能是苦丁茶，所以很值得重视。

但是，他们也谈得很简略，很难以此为根据进行深入的研究。陆廷灿编《续茶经》，繁征博引，关于苦茶则仍无新的史料。

出人意料的是刘基在元代至正年间写了一篇《苦斋记》，他没有引用《茶经》等任何有关茶的专著，也没有接触苏东坡、黄山谷、陆游等人的诗文，而完全根据他的理解，谈了苦茶之苦从何而来，又颇为辩证地谈了“苦”和“甘”的关系，哲理性很强。但这篇《苦斋记》既没有被陆廷灿看到，周作人谈苦茶时也忽略了。

元末至正年间，浙江各民间的武装此起彼伏，社会极度动荡。当时刘基、宋濂、章溢等人在民间的影响很大，朝廷也一再请他们出山做官。他们三个人彼此之间也都有交往，经常互通声气。章溢的书房也是隐居之所，题名“苦斋”，请刘基为之书写了一篇《苦斋记》。

这苦斋位于浙江龙泉西南二百里处的匡山之巅，剑溪之水就是从这里流出来的。“其下惟白云，其上多北风。风从北来者，大率不能甘而善苦。故植物之中，其味皆苦。而物性之苦者，亦乐生焉”。“其槚茶亦苦于常茶”。

由此可知，刘基认为苦茶并不是特别的茶种，而且采摘的早或迟也和苦不苦并无关系，主要是终年多为北风的吹拂所致。正因为这一地区的植物都味苦，而茶也不例外，所以才出现了苦茶。

我们当然不能断言刘基所说完全正确，但他确是知识非常渊博的人，曾经在故乡青田拥有大规模的庄园，对耕种并非外行。《多能郿事》主要谈农事，是否他人假冒刘基之名而作，似无定论。但这些论述看起来应该有一定根据的。

我们知道茶的生长离不开水，茶的冲泡也离不开水，那么苦斋附近的水又是如何呢?“其泄水皆啮石出，其源沸沸汩汩，瀄潏曲折，注入大谷。其中多斑纹小鱼，状如吹沙，味苦而微辛”。水中的斑纹小鱼居然也“味苦”，水当然也“味苦”了。

随后，刘基把“苦”的问题放在更广泛的范畴之内展开了，他发现章溢在一般认为比较苦的环境中隐居，不仅不以为“苦”，而且引以为乐，认为章溢把“苦”与“乐”作为“相为倚伏”的两个方面来理解的。于是发出了“人知乐之为乐，而不知苦之为乐；人知乐其乐，而不知苦生于乐”的浩叹。进而认为过着富裕而舒适生活的人，享受惯了，一旦改变生活方式，必将苦不堪言，难以忍受。

据说章溢还说过“吾闻井以甘竭，李以苦存，夫差以酣酒亡，而勾践以尝胆兴”这些话。刘基也很同意这番言论，于是应章溢之邀而写了《苦斋记》。

当然，就“苦茶”的鉴别、确认与作用等方面来说，刘基似乎扯得太远了。但作为一家之言，尤其从哲理的角度谈“苦”，则是一般品苦茶者从不涉及的，似乎也有立此存照的必要也。

六安瓜片之谜

我从儿童时代起就随外祖父泡茶馆，但在小城市里，茶馆虽然是有名的，供应的茶叶品种却有限，主要是龙井、祁门红茶而已。而且叫喊成“淡茶”、“浓茶”惯了，无论是茶客，或跑堂的几乎很少有人说什么茶的品种。

事实上，在家庭里面，也只是备有龙井和祁门红茶，父亲从哈尔滨回家乡时，他往往带些茉莉大方，而且是最好的，他在北方久了，一直以吃花茶为主了。

1936 年，我到了上海，在亲友家里，品尝到了一种从未接触过的绿茶，其色、香、味居然和龙井都不一样，引起了我的好奇心。

在此以前，对于茶叶我所知不多，总觉得雨前、明前采撷的嫩芽、嫩叶都是刚萌发的，所以或作针状，或呈尖端，于是也就有了银针、毛尖等象形的称谓，再也不知道茶的世界竟是如此宽广而丰富多彩的。

亲友为我泡的这杯茶真的有些特别，那茶叶居然不是针状，而且也没有什么尖端，而是像中草药的冬桑叶，叶片相当大，而色泽比冬桑叶更绿、更翠，比较近似中草药的西瓜翠衣。而且冲泡之际，杯中的茶叶因为水的冲激有的再一次分裂了，可见其脆的程度。

亲友见我既惊且疑惑不解的样子，对我作了说明："这是六安瓜片。"我没有再问他什么，捧着茶杯，静静地享受六安瓜片散发出来的相当淡泊而又难以捉摸的清香。我想，大别山比江南的群山荒凉一些，人类的足迹也比江南的群山稀少一些，所以呈现了较本色的原始的生态。而六安瓜片的色、香、味似乎对这一点也有所反映。于是，我一口喝了下去，好像有了一种超越尘凡的感觉。

这家亲友经济上比较宽裕，但对茶叶也懂得不多。对六安瓜片的有关历史渊源一无所知。我自然不便再追问下去，能品尝到这远在豫、鄂、皖三省交界处大山丛中的名茶已经心满意足了。

从那一天起，一年复一年，在上海，在香港，在大后方的广西、贵州、重庆等省市，我再没有品尝到过这种色泽翠绿、香气淡泊、口味醇爽的六安瓜片。

后来，我还在重庆北碚缙云山中埋头读经、史、子、集，对于任何古籍，我都不轻易放过，并且也注意到了是否有关于六安瓜片的记载。结果，收获仍旧不多，未免失望。

陆羽（733—804）《茶经》说："淮南：以光州上，义阳郡、舒州次，寿州下，蕲州、黄州又下。"对于"寿州下"，原有注："生盛唐县霍山者，与衡州同。"当时的盛唐县，即今天的六安。应该说这是六安出产茶的较早的记载，但是，排名并不居优势，而且也未出现"瓜片"的称谓。

明代的李时珍（1518—1593）从医药家的视角著作了一部《茶》，谈到茶产地时，把"寿州霍山"与"庐州之六安"并列，我认为当时除霍山的黄芽之外，六安县内还另有较知名的茶在生产。这种较知名的茶的名称与形状则未予记载。

较李时珍稍晚的许次纾（1549—1604）著《茶疏》：“天下名山，必产灵草。江南地暖，故独宜茶。大江以北，则称六安，然六安乃其郡名，其实产霍山县之大蜀山也。”现在很多文章都转引他的说法，似乎成了定论。其实，大江以北的信阳毛尖，无论历史渊源与知名度都与六安瓜片可相提并论，而且就经纬度考察，还在六安的北面。他又说：“山陕人皆用之”，也不符合实际情况，还是南方人最欣赏六安茶也。

曾经做过青浦知县的屠隆（1543—1605）所著《考槃余事》则说：“六安品亦精，入药最效，但不善炒，不能发香而味苦，茶之本性实佳。”此人对衣、食、住、行都很考究，也是品茶行家。他认为六安茶的加工存在问题，当然不会没有根据的。

以上引了明代李时珍、许次纾、屠隆三位知名人物的著作，都对六安茶颇为推崇，但对其叶其片都没有十分具体的记录，而且并没有出现“六安瓜片”的名称。

这种情况到了清代曹雪芹写《红楼梦》时仍未有任何发展，写到妙玉在栊翠庵中珍藏着六安茶、老君眉等名茶，等到贾母来到时，妙玉知道贾母“不吃六安茶”，是沏了老君眉款待的。

2002 年 5 月，安徽芜湖举办中国国际茶博会，六安代表团散发的新闻稿中说：“1856 年，慈禧生同治皇帝，由‘懿嫔’晋封‘懿妃’之后，方可月享十四两‘六安瓜片’茶，可见当时‘六安瓜片’已是名震朝野了。”可惜我们未见到原来的材料，如果原材料上确有‘六安瓜片’字样，那么到现在已有一百六七十年的历史了。到目前为止，这一说法还有待学者专家的确认。在此之前，是否被称过六安瓜片呢？仍是一个谜。

问题比较复杂，接下来人们要思考六安瓜片何以得名？不错，在明代就有了六安片茶之名，这也不奇怪，茶叶刚萌芽时，雨前、明前所采，还很狭小，所以被称为尖、毫、针等，被称为雀舌等，稍等时日，这尖、毫、针就长成大的“片”了。曾经有较长的一个时期，花茶被称之为香片。而现在，贵州湄潭县所产湄江茶，其制作程序、成品茶的形状都近似浙江杭州的龙井茶，他们名之谓“湄江翠片”，也已有了一定的规模。严格地说，即使称之为“片”，也只是一种狭长形的微型的片而已。

“香片”是指带有香味的“片”，“翠片”是指翠绿色的“片”，都没有在形状上再进一步强调“片”的既阔且大，而“瓜片”则完全不同，以“瓜”而论，即使丝瓜、黄瓜、苦瓜之类也相当大，更不用说冬瓜、西瓜等了，其中的片，当然也决不可能是狭长形的尖、毫、针等形状。因此，“六安瓜片”何以得名也是一个待解之谜。

好心人想出了一个十分巧妙的解释，说“瓜片”乃是“瓜子片”的简称。作为一家之言，可以成立。现在把这一说作为定论，广泛引用，仍旧可以推敲。

我于1936年在上海亲友家中品尝到的“六安瓜片”，绝对不是什么瓜子片状的茶，而是类似中药“西瓜翠衣”那样的大片而翠绿色的茶叶也。

我个人的经历也许被认为是孤证，那么梁实秋先生的《喝茶》对于上世纪40年代的回忆，其情况和我的经历颇有相似之处。他说：

有朋自六安来，贻我瓜片少许，叶大而绿，饮之有荒野的气息扑鼻。其中西瓜茶一种，真有西瓜风味。

读到这篇文章之后，我不禁沉醉在旧梦中了。我又想到梁实秋虽是名人，恐怕仍旧难以证明“瓜片”最初确实存在，并不是从

“瓜子片”简化而来这一事实。我对“瓜片”因何得名之谜，试答如下。

我在思考中国古代是否出现过大片状的茶叶？唐代大诗人李白，其时代与《茶经》作者陆羽大致相同，他为我们留下了一首珍贵异常的《答族侄僧中孚赠玉泉仙人掌茶》，诗有序，说：

余游金陵，见宗僧中孚，示余茶数十片，拳然重叠，其状如手，号为“仙人掌茶”，盖新出乎玉泉之山，旷古未觌。因持之见遗，兼赠诗，要余答之，遂有此作。

序文还说玉泉山一带洞穴极多，泉水清澈，而且有成群成群的白蝙蝠栖息在这里。这是大片叶的仙人掌茶产生的地理环境。当然，玉泉山在湖北荆州，所产的仙人掌茶，唐宋时曾有人记载，后来也消失了。我认为六安一带曾出现过大片形状的瓜片是事实，无独有偶，现在凡是有关“六安瓜片”的介绍材料，几乎都认为其最上乘的产品来自六安所属金寨县齐头山，山的南坡上有一个石洞，大量蝙蝠生活在洞内，所以堆积了不少蝙蝠粪。其周边环境与李白诗篇中的玉泉山非常近似。

吕玫、詹皓合著的《茶叶地图》也有关于“六安瓜片”的记载，有几句话使我豁然开朗。书中说：

有年春天，一群妇女结伴上齐头山采茶，其中一人在蝙蝠洞附近发现一株大茶树，枝叶茂密，新芽肥壮，她动手就采，神奇的是茶芽边采边发，越采越多，直到天黑还是新芽满树。次日，她又攀藤而至，但茶树已然不见，于是“神茶”的美谈就传开了。

作者记的是传说，传说已经经过民间的多次加工，但“茶树已然不见”却隐约地折射了大叶片的“六安瓜片”一度出现后来又无影无踪的历史沧桑。

正如荆州的仙人掌茶一样，大叶片的六安瓜片肯定本来就非常稀少，甚至只有一两棵，经过岁月消逝或战争，或自然灾害等变迁，后来没有了，这也是很正常的事情。

大叶片的六安瓜片又是如何消失的呢？这已经是第三个谜了。

根据历史文献和我亲身的所见所闻，我认为六安茶最早应该就是现在所常见的六安瓜片，万山环抱中丛生着的瓜子片形的茶。但在深山幽谷中，也偶尔有一两棵茶树叶子特别宽阔，色泽特别翠绿，口感和香味又近似喝西瓜汁，于是被称为“瓜片”了。日长岁久，“瓜片”成了六安茶的统称，而这种大片叶茶树本来就极少，在岁月长河中，在生活不太安定的年代，由于大旱大涝等自然灾害，或战争、疾病等原因，枯槁或被斫伐而消失的情况也是难免的。但“六安瓜片”的称谓则仍旧流传了下来。当然，这是我的推测，对于几个谜的谜底的初步解答。作为学术问题值得组织力量进行深入的研究。

现在一般的说法都说“六安瓜片”的名称开始于 1905 年，但内容却不一致，有的说金寨县的麻埠姓祝的财主与袁世凯家是亲戚，他为了讨好袁家，把茶叶进行了精加工，打开了局面。当然也有可能，但此说也很不具体，没有确切的材料。

鹧鸪茶

读了徐振保《松萝茶》(1999.6.22 夜光杯）一文，使我想起了另一更珍奇的罕有记载的名茶——鹧鸪茶。而我在 1982 年于海南岛曾品尝之。

徐文引清人宋永岳《亦复如是》谓“鸟衔茶子，堕松椏而生，如同女萝攀附松柏，故称此茶为松萝”。鹧鸪茶自然也与鸟类有关，但撒种、萌芽的过程就十分富于传奇色彩了。

1982 年春，为了《中国戏曲剧种大辞典》的编纂，我到海南岛（当时尚未建省）对琼剧产生、流传情况作实地调查。顺便也将我收藏多年而海南岛却已无存的一些关于海瑞的文物捐献给海口市博物馆。

海口市委书记周训堂同志对文学艺术甚为重视，当初电影《红色娘子军》就是在他大力支持下拍摄完成的。他对我的工作也关心备至，不仅提供交通上的方便，同时派了干部协助。

我在海口市开了几次座谈会，还在一环形的露天大剧场中看了琼剧《海瑞还朝》赴泰国访问的审查演出。沿东海岸到达万宁县时，文化局的同志领我到东山岭摩崖石刻附近，找了一处绿荫深处的馆舍，座谈即在此进行。

泡上来的茶，逐渐逐渐散发出来一股独特的清香，但又似乎略带咖啡，甚至可可那种其他茶种所无的气氲，是我喝茶六十多年所未接触过的奇异品种。请教他们此茶名称，他们答称："鹧鸪茶。"并说产量极少，就不再多谈了。

琼剧流传、演变的话题基本结束，鹧鸪茶泡了多开，色香味依旧不淡化。他们这才作了一点说明。

原来19世纪和20世纪之初，海南人往海外谋生主要是往泰国（当时称暹罗），舟楫往来十分频繁。说来奇怪，大概鸟通人性，大批鹧鸪（野鸽子）也经常在海南与泰国之间往来飞行。海南岛上的亲人思念远在泰国的家属时，看到泰国飞回的鹧鸪也引以自慰。一只鹧鸪在泰国啄食了茶子，竟未被消化，腹内的温度、湿度却催化了茶子。飞回的鹧鸪在东山岭撒粪，粪成了天然的肥料，茶子萌芽而成树。农民采其嫩叶泡之，其味与海南茶不同，与泰国茶亦异，遂名之曰鹧鸪茶。不知外界对其口味是否欢迎，故没有大规模种植。

嗜茶成癖的我，对这一次鹧鸪茶的品题引以为生平奇遇。以后，1993年再去海南，行色匆匆，未能再到万宁县的东山岭。如今垂垂老矣！恐怕难以有机会再品题鹧鸪茶了。

（原载于上海茶文化研究中心《茶报》）

名茶铁观音称谓来历探源

最近两三年，人民生活水平有了显著的提高，在休闲或旅游途中，品茶的风气比从前更加普遍了。关于茶，也成了人们经常的话题。当然，上海成立茶叶学会已经有二十年以上的历史，但那是专业的学术机构。出版的《上海茶叶》期刊，内容也比较丰富多彩。有一个问题，我发现他们没有谈到，这也正常，因为茶不仅在中国，在国外也很流行，方方面面的知识、问题极多，不可能同时都提出来进行讨论、研究的。

闵行区文联出版了一本刊物，名《四季》。上海作家协会副主席叶辛，写了一篇文章，提到了一个关于“铁观音”这一种名茶的称谓来历是个谜团，他甚为困惑不解。对于考证成癖的我，其实早已在探索了，因为没有绝对的答案，所以没有写成文章。现在他既然提出了这疑问，我就先谈一谈探索的心得体会。

铁观音，不仅唐代的陆羽、卢仝都没有提起过，明代的屠隆、张岱也都没有任何记载。大概清代康熙年间开始有人使用这一称谓。何书最早出现，现在尚难确证。现知柴萼于1925年著《天梦庐丛录》：“在崇安本境有铜观音、铁观音之分，而铁观音尤佳。予居日本时，有闽友持一小篓为赠，篓中装如鹤卵大之锡瓶十具。”是否有更早之记载，不得而知。如从此书开始，“铁观音”之称谓仅有九十年之历史。

有两种不同的传说，都源自铁观音主要产地福建省厦门市附近的安溪县。有好几部介绍茶叶的书都采用了。

研究茶叶的专家庄晚芳等五人编著了一本《中国名茶》，系1979年浙江人民出版社出版，介绍了四十多种名茶，《安溪铁观音》列于第八种。对于名称来源，说是清代乾隆年间安溪松林头乡农民魏饮信奉佛教，每日清晨都在观音菩萨前面奉献一杯清茶。有一天偶然发现特别闪光的茶树，就挖回来精心栽培，用以制成乌龙茶，果然异香扑鼻，因香味浓、口味重，故称之为“重如铁”。后来又觉得似乎不像一种称谓，于是改称“铁观音”。另一传说是安溪尧阳南岩有王士琅其人，向乾隆皇帝贡茶，乾隆颇为欣赏，赐此茶为“铁观音”。

《中国名茶》出版于改革开放之初，印数15000册，迅即销售一空。因此不久即再印30000册，共印45000册，因此影响较广。

又有吕玫、詹皓二人合著《茶叶地图——品茗之完全手册》一书，2002年初版，两次重印，达15000册，随即售罄。2006年两位作者对此书加以修改增补，作为升级版畅销书由上海远东出版社出版，印数6000册。由于此时此刻，茶书出版已经不少，且电子版图书日渐显示威力，因此销售情况比较一般，也未再印。

此书也采纳了上述两种传说，但比较简化，也稍有不同之处，此书所载魏饮其人为西坪乡人，而非松林头乡人。也许此乡初名松林头，后改为西坪，亦有可能。

对于这两种传说，我认为不能作为信史，问题倒不在于有无较早之方志或笔记之文字记录：农民之姓名“魏饮”大可怀疑，自然姓魏者全国皆有，农民取名“饮”却不大可能。此说十之八九系出于编造。魏饮者会饮也。第二个传说也经不起推敲，乾隆下江南，品尝苏州“吓煞人香”茶，认为不雅，赐名“碧螺春”，近情近理。

至于第二种传说，前者说向乾隆贡茶者为王士琅，后者说此人为王士让，均未见于清代历史记载。向皇帝进贡，非一般平民百姓所能办到。如按官职，除非皇帝出巡，那是例外，上朝进贡，至少五品以上，如按科举，会试中得进士者才有可能。因此，此说显系讹传。

我们再来看看《辞海》，此书分语词、百科两部分，百科者包括自然科学、社会科学之主要名词，均组织各学科专家编写、通过多次广泛审查而定稿。此书无〔铁观音〕条目，但有〔铁观音茶〕条目，全文如下：

> 成品茶之一。属青茶类。色泽褐绿，叶肉肥厚，紧结如条束状，叶面有白霜（咖啡碱在慢火烘焙中移至表面）。泡饮时香味浓，有天然馥郁兰花香。福建安溪特产。

既未说明“铁观音”来历，“安溪特产”固然可以成立，也有以偏概全的缺陷。

所有关于茶的各种图书都说树名铁观音，所以树上的茶叶也叫铁观音，话当然不错。但是也等于说鸡生的蛋叫鸡蛋一样，说不说都缺乏实质性的内容。

那么这个问题就真的无法进行深入的探讨了么？我认为并不如此。但是，先要从三个方面去考察：

一、茶与佛教、佛教徒、道教、道教徒的密切关系。因为茶喜爱山清水秀的环境，深山穷谷之中往往是庵、观、寺、院比较集中的地方，种茶采茶也是众多出家人诵经拜佛之外的一种主要的劳动。安徽太平县的猴魁之所以得名据说最早就是因为茶树位于危岩峭壁，人很难爬上去，所以就用猴子去采了。又如径山茶，也是径山寺的僧人种植的。

二、福建地名的特点。各地地名均有其特殊之处，重庆的地名唐家沱、牛角沱、茶名沱茶之类均是。福建则十分别致，往往以“石”为名，著名的“赤石风暴”的“赤石”现在是中国共产党的革命历史过程中的“圣地”，而福建武夷山地区有大观音石、小观音石的地名，都是出产茶的地方。按照习惯，大都以产地为茶名，如浙江杭州的龙井，如云南的普洱等，均此类。大观音石、小观音石生产的茶名之曰观音，名副其实，无可怀疑。既然这种茶色泽较深，口味较重，名之曰铁观音，也有一定的道理。地名观音石，决非对观音之不尊敬，和尚们当时如此称呼，日子一长久，就传开了。当然道教徒也是武夷山茶叶的主力之一，清代周亮工《闽小记》：“武夷产茶甚多，黄冠既获茶利，遂遍种之”。可为确证。

也许有人对这一解释仍有怀疑，我可以再说一些情况。“铁观音”的名称十分特殊而响亮，知名度很快加速度地提高，于是在武夷山一带的乌龙茶，又从此派出两种名称：冲泡后色泽较铁观音稍淡而略带黄色的被称为“铜观音”，质地略逊于“铁观音”的被称为“铁罗汉”。当然，流传的范围也不是太广。武夷山的“铜观音”也许和安溪的“黄金桂”有某些共同点，在产售时，就统称为“铁观音”了。

三、为什么说铁观音是安溪特产呢？早在明代以前，武夷山就以产茶称著。明代著名旅行家徐霞客（徐宏祖）走遍了大江南北名山大川，最欣赏武夷山的“丹山碧水”，就地理条件而论，气候、雨水都好，似乎远离了凡俗世界，在这种环境中生长的茶当然不可能受到污染。但在山区，北去浙江温州，南去福州，运输都不方便。而福建南部的安溪也大规模生产乌龙茶，也随之用了“铁观音”这一响亮的名称。十分值得重视的是清代王梓所著述之《茶说》：“邻邑近多栽植，运至星村墟贾售，皆冒充武夷。更有安溪所产，尤为不堪。”这是认为武夷山的乌龙茶优于安溪的最为明显的论点，但是安溪靠厦门很近，出口到台湾以及国外，具备了非常有利的条件，产生了广泛的影响。外国人都知道了安溪铁观音，甚至某些大型的国际博览会上也有“安溪铁观音”展出。再就是台湾的天时地理与福建颇多相同之处，于是引进了“铁观音”，出现了“木栅铁观音”等品种。至于“冻顶乌龙”，实际上也是“铁观音”系列之一，与安溪所产口味稍有不同，也只有十分在行的专家才能品尝得出。

武夷山的铁观音对外出口时也曾借道厦门，即使明明在包装上注明崇安县或武夷山，人们也往往统称之为安溪铁观音了。

关于运销海外的问题也相当复杂，恐怕通过厦门是后来的事情。梁章钜《归田琐记》说：“沿至近日，则武夷之茶不胫而走四方，且粤东岁运蕃船，通之外夷。武夷九曲之末为星村。鬻茶骈集交易于此。”看来从武夷山把茶运出来的一段路程，那时广东的商人自己解决运输问题的。

还有一个武夷山铁观音与安溪铁观音的优劣问题也不能绝对化。因为各人的口味不同，中国人与外国人的口味也不同。再说，武夷山铁观音与安溪铁观音的采撷、制作一方面都同时在不断进步、更新，也肯定相互之间有所交流，所以不能下一个绝对的结论。

戏曲与茶有不解之缘

茶与戏曲的互动历史

一、戏曲对茶文化的反映

民间习惯称“柴米油盐酱醋茶”为开门七件事。看来从唐代到辛亥革命这一千多年时间之内，人们家居的物质生活，的确离不开这七种必需品。“茶”列于最后，据我的理解，一是因为“茶”的出现虽然也不迟，但到唐代的卢仝、陆羽加以提倡才开始盛行。二是因为作为解渴用，水也可以解决问题，而“茶”则在日用必需品的基础之上，随着人们文化修养的提高，经济条件的改善，又成了休闲生活的一个主要方面，在一定程度上，超越了解渴的范畴，形成一种风尚，乃至一种艺术。

根据历史记载，宋代的运输商贩最具经济实力的，即贩卖茶叶的商人，其次是贩卖（丝）绵的商人。这是因为“茶”的消费者遍于全国，而“茶”的产地则主要在长江以南，尤其集中在江苏、浙江、安徽、江西、湖南、云南，这给运输商人提供了十分可靠的牟利条件。某些贩茶商人成了巨富。富有的茶商凭借经济实力，也许能娶得名门闺秀。至于经常出入秦楼楚馆，为名妓脱籍从良，更是常事。

宋元时期，中国戏曲经长期酝酿而逐步发展成比较完整的形式，即用南曲演唱的戏文和用北曲演唱的元杂剧两种主要形式。这两种音乐不同、体制不同的戏曲都不约而同地对以上所说的社会问题作了反映，虽然不是直接以“茶”为题材而敷演故事，却是间接地反映了宋元时期“茶”在民间的广泛流行。

元代王实甫有杂剧《苏小卿月夜贩茶船》，全剧今已不存。《盛世新声》一书中保存了此剧的第三折，《雍熙乐府》也收录了全套曲文。

此外，另一元杂剧著名作品《赵氏孤儿大报仇》的作者纪君祥也写了一部《苏小卿月夜贩茶船》，庾天锡又有《苏小卿丽春园》。明代还有传奇，例如王玉峰的《三生记》、无名氏的《千里舟》等。可惜这些作品全都失传了。

幸而有关双渐、苏卿的散曲小令大量存在。1933 年，赵景深先生根据当时所得材料，推测其故事梗概如下：

苏卿又名小卿，金斗郡人氏，美容仪，善织锦，通文墨。卜居帝都，其母苏妈妈三婆，命其为娼，识双渐解元，两情缱绻。双渐字通叔，能琴，所谓风流才子也。讵知好事多磨，有茶商冯魁（或云江洪）者，为苏卿美色所惑，以重金聘之；虽姨夫黄肇冒充苏卿之夫，亦无效。小卿嫁后，渴念双生，每于月明之下，坐茶船中俯首叹息，似闻双渐琴声，登舟相会，又恐惊醒冯魁，醒时方知是梦。后茶船泊金山，冯魁偕苏卿入寺进香。冯魁先归，苏卿忆念双生不已，题诗于壁，双渐既为苏卿所弃，落拓不得意，益放荡。及双生见题壁诗，乃急往豫章，得与苏卿重晤，赴临川县任。

赵氏将此故事梗概写进《双渐和苏卿》一文。我们后来又陆续发现了一批有关此爱情故事的散曲小令，得知“黄肇”在关汉卿[碧玉箫]中写作“黄召”，无名氏[沽美酒过快活年]作“黄超”，此外还有一些字音相近的写法，但写作“黄肇”的最多。

按兰楚芳[四块玉]所说：“双渐贫，冯魁富，这两个争风做姨夫。”

因为元代勾栏、妓院有此俗称，二男共狎一女，均以姨夫相称，则黄肇、冯魁、双渐三人之间也都互为“姨夫”了。有的作品中狎客为江洪，江洪是否人名？李殿魁《双渐苏卿故事考》书中考证“乃是江州、洪州一带的贩茶客”。我以为甚有见地。

我要说明的，冯魁其实也不是人名，其命名方式无非王魁之类耳！王魁为文章能手之魁，冯魁为贩茶商人之魁也。

说“冯魁富”，他有多少经济上的能耐？用在苏卿身上究竟多少钱呢？王晔[水仙子]《冯魁答》：“茶引糊成铲怪锹，庐山凤髓三千号。”无名氏[点绛唇]《半世着迷》：“冯员外不见机，三千茶盐落水。”无名氏[点绛唇]《花面金刚》：“把三千茶送在平康巷，五百盐堆在章台上，十块钞卸在梨园放。”茶引是贩茶商人向官方所领的运销证，出钱钞的多少决定营业的规模与数量，三千茶引是规模最大的富商所花费。在这里并不是说真的把茶引交给了苏妈妈，而是说用的银两足够办一份大号茶引。“三千茶”、“五百盐”、“十块钞”三者看来是等值的，之所以用“盐”比拟，因“三千茶”的花用弄得一场空，等于盐落水中化为乌有也。最后要说明的是冯魁之所以要上金山，并不是他有什么一览山水胜迹的闲情逸致，近人考证是去参加茶叶买卖的集市，有此可能。我认为《苏小卿月下贩茶船》等杂剧、散曲固然主要是写妓女、商人、士大夫之间的爱情纠葛，但对宋元时期的茶商活动也从一个侧面作了简单的描绘。

有关双渐苏卿的杂剧、戏文、诸宫调固仅存佚曲，作为反面人物的茶商，叫作冯魁或江洪，其职业上的特征亦少描写。但今存南戏《张协状元》则为一完整剧本，有两处对茶文化有所反映。

第八出（丑做强人出白）：“……贩私盐，卖私茶，是我时常道业；剥人牛，杀人犬，是我日逐营生。”中国古代对于民生必需的盐和茶都征收重税。以茶税而论，有时向种植的园户收，有时向运销的商人收，有时分摊到消费者的一般老百姓，所以“卖私茶”也成了老百姓铤而走险的一条路。可能“卖私茶”者规模较小，成群结伙者亦较少，所以在史书、笔记中尚未发现卖私茶起家后来称霸一方的如钱镠、张士诚等那样知名人物。

第四十一出：

> （旦出唱）[天下乐]春到郊原日迟迟，枪旗展山谷里。幽居古庙浑无侣，采些茶为活计。（白）郊原春到不知时，霹雳一声惊晓枝。枝头蓓蕾吐雀舌，带雾和烟折取归。幽居古庙无人管……奴家缉麻才罢，采桑稍闲，不免唤过大婆，厮伴去采茶。……（旦）婆婆，早来采取社前春。（净）昨日婆婆采一斤。（旦）有客莫教容易点。（合）点茶须是吃茶人。

可以看出宋代南方农村中贫困妇女的劳动情况，主要是纺织麻线麻布、采桑叶，再就是采茶叶了。[香遍满] 曲中则唱“独立岩头攀茶来折”，也许是野生的茶，所以乱而分散在岩头崖边，采集不易，稍不留心，即易失脚。据说名山大刹中有些老和尚特地让猴子去采摘人们难以攀登的悬崖绝壁上的茶，故茶名之曰猴魁，应该是确有的事实。

按“雀舌”之名，据沈括《梦溪笔谈》之解释：“茶牙，古人谓之雀舌、麦颗，言其至嫩也。”《张协状元》虽系宋人所作，时代或晚于《梦溪笔谈》，而《辞海》“雀舌”条目之下，同时引用《梦溪笔谈》、梅尧臣诗与《张协状元》，可见辞书修订者对《张协状元》与茶文化关系之重视非同一般。至于“枪旗”之名，确实罕见。固然小芽似枪，小叶如旗，然通常均称“旗枪”。古籍保存“枪旗”之称谓者有二：一、欧阳修诗：“枪旗几时绿。”二、即《张协状元》。惜《辞海》无此辞目，钱南扬注《张协状元》则无古籍用“枪旗”之其他例证。

至于“社前春”一词之见于剧中，更为罕见之珍贵茶文化史料。钱南扬注：“社日前所采的茶”，“时间当在清明前”。又引《正字通》“立春后五戊为春社”。当然不错。继谓“此也可能是茶名，如后世的明前、雨前之类”。却没有把问题深入下去，半途而止，只能不踏实地作推测了。《学林新编》明确指出“茶之佳者造在社前，其次火前，其次雨前”。我认为：“社前春”含有相近之二义。因社有春社、秋社，此处实为“春社前”，颠倒其前后顺序即成“社前春”。再说碧螺春之因“其采在春”而得名，此处自然也可以如此命名。不知何故，到了今天，即使对茶甚感兴趣者，知道还有社前、社前春的品种和命名的恐怕极少了。

明清传奇以种茶、贩茶为题材者虽无，但若干名剧中某一单出以茶事为主要情节者有《鸣凤记》的《吃茶》与《水浒记》的《借茶》，反映了官宦之家在政治生活中离不开茶，一般家庭在日常生活中亦如此。《寻亲记》有《茶访》，《明珠记》有《煎茶》；此二出演出较多。又古代社会中信息难以传播，而茶馆则为各方商贩旅客过往之处，探听亲友下落生死，惟一办法即是坐茶馆，倾听茶客交谈，偶得线索即追根究底问下去。这出戏确是生活真实的概括集中。

《玉簪记》对茶写得最多、最在行，《幽情》一出，先是“(净)陈姑煮茗焚香，特请相公清话片时……”接着旦唱“竹间禅舍草檐深，惟有清香共苦茗，白鹤双，松下自鸣”。后来道姑捧茶上，还有如下说白：“才烹蟹眼，又煮云头。琥珀浮香，清风数瓯。茶在此间，相公请茶。”不仅云雾腾腾，而且说的点茶行家语言。整出戏结束时，旦所说的下场诗是“一炷清香一盏茶，尘心原不染仙家”。因出家人生活本来就简单，这一盏茶即成了主要的内容，也是符合实际情况的。这出《幽情》是原作的出名，舞台演出时又通俗化了一些，出目也被班社与观众改为《茶叙》了。

这出戏在明末也成了弋阳腔、青阳腔等声腔剧种经常演出的单出，易名为《茶叙芳心》。《玉簪记》作者高濂原是十分考究生活享受的人，对衣食住行都有一整套的理论与实践，他懂得吃茶，爱吃茶，所以在剧中如此摹写有关吃茶的细节，不是没有原因的。

现在流行的各戏曲剧种中，有关茶文化的剧目主要有这样一些：

京剧传统剧目《铁弓缘》故事从开设茶馆之陈姓母女二人展开，剧中可感觉到茶馆气氛，主要情节则与茶均无关。

锡剧传统剧目有《秋香送茶》与《金公子借茶》。秋香为张家丫鬟，二相公唤秋香送茶到书房，故意纠缠，不放她走，意图成其好事，被秋香峻拒而逃走。送茶仅是一笔带过而已。《金公子借茶》是风趣而生动活泼的生活小戏。金正明倾心于少女李凤英，苦于无人为媒，乃以借茶为由，上门探访。李凤英口齿伶俐，对方一开口，她就唱道：“请你叔叔上街镇，茶馆店里泡香茗，难为铜钱六七文，泡一碗香茶润润心，堂倌不会赶动身，哪怕你早晨吃到值黄昏。”在抗战之前，江南各地乡镇茶馆的确泡一碗茶往往可以呆上一整天，没有人赶你走。用碗而不用杯泡，稍稍高档些的，碗上加盖，名之曰盖碗茶。剧中李凤英对借茶保持了高度警惕，她唱道："你可知昔日里有个张三郎，就为借茶起祸根，到后来徒弟结识师母娘，瞒起宋江大官人。""从前有个潘金莲，还有一个西门庆，为了挑帘起祸殃，借茶吃过成私情。"当李凤英探知金正明人品端正之后，决定试试他的才学，先后出了十余个对子，要书生立刻对答，其中有关于茶叶的"茶芽是雀舌"、"雀舌未经三月雨"两联上句，书生对的是"香茗赛龙井"、"龙井先占一枝春"两联下句。小姐异常赏识，乃私订了终身。

越剧传统剧目有《拣茶叶》与《倪凤煽茶》，都是生活气息浓郁的小喜剧。《拣茶叶》取材"绍兴城里会兴茶行新开出"，还有"洋鬼子到我大堂买茶叶"。茶行雇用一批妇女拣茶叶，账房先生付工钱时不问工作量，生得俊美的小姑娘就多付银洋钿。《倪凤煽茶》之倪凤系美貌少女，有书生来倪家做客，引起她春心，煽茶时忘记先盛水，结果把茶壶烧得爆裂开来，再换用锅烧，心思仍放不下书生，糊里糊涂抓了一把霉干菜当成茶叶烧了。如此这般，闹了不少笑话。看来都是茶乡生活的写照。

闽剧传统剧目《采茶奇案》案情发生于闽北建阳，乌龙茶产地也。

金氏与吴一夫姘居，合开茶馆。又挑逗邻居王俊杰，遭拒绝，图报复。告诉俊杰之兄俊英，谓俊杰与嫂有私情，于是俊英与妻反目，均各出走。王俊杰独留家中，采茶女卢宜贞入山遇虎逃奔，至王家求宿。王俊杰为避嫌至茶馆过夜。金氏乘机往王家行窃，吴一夫亦寻至，即在王家共眠，俊英归，以为是奸夫淫妇，乃杀之。也往茶馆寄宿，其后兄弟争相招承行凶之罪，难以判决。传讯卢宜贞，始明真相。官府宥免俊英误杀之罪，并为王俊杰与卢宜贞婚配夫妻。根据情节，可知茶馆有时亦兼作旅馆也。

新中国成立后新编剧目较著名者有湖南花鼓戏《烘房飘香》、锡剧《秋香送茶》、沪剧《芦荡火种》与根据此剧改编之《沙家浜》，主角为阳澄湖畔开茶馆之阿庆嫂，阿庆嫂与敌、伪之斗争以及与同志之联系亦均在茶馆中进行。

二、茶文化促使采茶戏的诞生

众所周知，中国数百戏曲剧种历史发展过程不尽相同，其萌芽或胚胎亦不尽相同，古典戏曲自宋元时代即已形成，基本上以演唱南曲或北曲为主。亦有若干剧种系若干剧种相互渗透再加以融和综合而成。某些民间小戏则直接渊源于民间流行的歌舞或说唱，例如花鼓戏、花灯戏渊源于花鼓、花灯等歌舞；滩黄戏、道情戏渊源于滩黄、道情等说唱。而盛产茶叶的地区，无论在山岳或平原，采茶的劳动都有歌舞伴随，日积月累，这种采茶歌舞日趋丰富，往往借鉴其他戏曲剧种的形式而形成为一新的戏曲剧种。一旦形成以后，命名时则往往再冠以县、市等行政区域之名，甚至冠以省级的行政区域之名。

在湖北，大别山麓之黄梅县一带均以产茶称著，县北 70 里的紫云山与县东北 50 里的龙坪山最负盛名。紫云山山顶平坦，僧人在此种茶，称紫云茶，堪称上品。每到谷雨前后采茶季节，青年男女成群结队上山劳动，在茶山的绿荫中都情不自禁地唱起歌来，这种歌日积月累形成一定风格，人们即称之为采茶歌或采茶调。其内容有的就是即景生情而发，例如《姑嫂望郎》中的《十二月采茶》、《小和尚挖茶》中《挖茶调》等。当然所唱也不一定直接与茶有关，其他民间传说、生活琐事被改编或移植之后，在采茶时广为传唱的则更多一些。十分值得注意的是采茶歌的传唱蔚成风气了，不采茶的时候，青年男女们以及整个社会的各阶层更进一步地自然而然地把采茶歌作为民间文娱的一种主要形式，而使之得到广泛的流行与传播。

采茶歌在流行、传播的过程中，先后与花鼓、连厢、道情等舞蹈、曲艺相结合，表演能力日趋丰富，于是又借鉴并套用戏曲的程式与排场，发展成为新的戏曲剧种，被称为黄梅采茶戏。

就全国范围而言，采茶戏在江西省最为流行，全省主要戏曲剧种约二十种左右，其中以采茶戏命名的即占半数以上。而江西实际上也确是产茶叶的大省。名茶庐山云雾与婺源珍眉之历史均可远溯到唐代之前，高山古刹僧人或采野茶，或搜集良种而栽植于山隈涧边，后来发展到山间樵夫、溪边渔民竞种茶以供市集之需，乃有洪州白露、洪州野岭等名目，明代才出现云雾之名，即被李时珍写进《本草纲目》一书。我们知庐山北起九江，古代名江州，南迄南昌，古代名洪州，所以一部分写双渐苏卿的杂剧与戏文就把茶商的姓名定为江洪了，原因即在此。唐代白居易《琵琶行》说："商人重利轻别离，前月浮梁买茶去。"按浮梁即今景德镇所在地，唐代已经是著名的茶叶集散地。现在南昌采茶戏、九江采茶戏、景德镇采茶戏成为江西采茶戏中比较主要的剧种可见并不是偶然的，自有其久远的渊源。

必须补充说明的是古代的浮梁之所以成为茶商集中之地，倒不一定全都从洪州、江州进货，或销往洪州、江州，近在咫尺的婺源所产茶叶量多，亦不乏优良品种。因婺源的鄣山、溪头、段莘、江湾、古坦、秋口、武口等乡镇都位于怀玉山与黄山之余脉，丘陵起伏，常年为云雾所环抱，是最理想的种茶的地区。春茶吐翠时，茶农将其制成新茶，纤细如眉，故名之曰珍眉，流传已逾千年。婺源处于江西、安徽、浙江三省交界，是水陆交通的一大枢纽，所以江西南部各县所产茶叶也往往运到婺源，集中而外销到北方。根据历史文献记载，唐代天宝元年（742）从浮梁运销到长安、洛阳各地的茶叶就有十几万驮。

现在我们试从南昌采茶戏、九江采茶戏、景德镇采茶戏等剧种的形成、发展的过程来考察，便可以发现采茶这种劳动的确起了重大的作用，有的是直接的作用，有的是间接的作用而已，所以如此命名也。

南昌一带茶农在劳动中传唱一种《十二月采茶调》，后来结合舞蹈动作在时令佳节表演，被称为“茶灯”。在表演简单民间故事的同时，曲调有所丰富，这才有了灯戏或茶灯戏之名。采茶戏就是这样诞生的。

随着经济的发达，原来的采茶戏班要演出历史戏或角色众多的戏，感到表演艺术与曲调都必须向类型相近似、艺术传统较深厚的剧种吸取营养，很自然地找到了湖北黄梅的采茶戏。清代嘉庆年间何元炳有《采茶曲》诗，说：“拣得新茶倚绿窗，下河调子赛无双。如何不唱江南曲，都作黄梅县里腔。”一方面说明曾受到外来剧种的影响，一方面说拣茶季节也正是演唱的旺季。

九江本来也流行采茶歌，后来和花灯的舞蹈结合，形成早期的茶灯戏。受逃水荒而来的湖北黄梅采茶戏的影响，发展成形式上比较完整的九江采茶戏，其过程几乎和南昌采茶戏一模一样。景德镇采茶戏的形成、发展经过亦如此。

上饶、铅山等江西东部一带，人们习称为赣东，地处盛产茶叶的武夷山西麓，产茶虽不如武夷山主脉所属安溪等地之乌龙、铁观音等有那样高的知名度，品位却不低，采茶歌流行亦广，在此基础上形成、发展为赣东采茶戏。

艺术蕴藏较丰厚的则推赣南采茶戏与武宁采茶戏。赣南采茶戏的发源地在幕阜山脉南麓的安远县，流行范围甚广，包括遂川、赣县、于都、瑞金等地都在内。安远境内有九龙山，乃幕阜山之余脉，多丘陵，温度偏高而湿度亦高，常年多云雾，为最理想的种茶园地。从明代开始，就以种茶为主要农业生产。产量高而以外销为主，于是茶行应运而开设，茶的运销在商业中也占了一定比重。每年春季，茶园主或茶行主雇少女上山采茶，歌声此起彼伏，有时杂以舞蹈，丰富而多彩。虽然主要是自娱，但偶在城市乡村表演，也能起到娱人的作用。因为采茶女手中均持一竹篮，用为盛器，所以她们唱的歌被称为采茶歌或采茶调，而其舞则被称为茶篮舞。时令佳节作为文娱节目助兴时，统称为茶篮灯。这就是萌芽状态的赣南采茶戏。在茶篮灯时期，所唱所舞所演还都是局限在茶的圈子之内，单纯唱的有《十二月采茶歌》，姐妹二人唱歌，而以茶童（丑角）在其中插科打诨，并伴以三插花的小组群舞，则名曰《姐妹摘茶》。其后又有《送哥卖茶》等歌舞小戏，内容日益丰富。当简陋的茶篮灯班应邀到当地富商官宦之家作内部演出时，曲调虽一时之间难以翻新，但节目内容却不得不从生活中从兄弟剧种广泛吸收或改编移植，涌现了《卖杂货》、《大劝夫》等一批与茶关系较少的剧目。据清乾隆时江西南城人吴照诗中所说“嘈杂弦声唱采茶”，可见当时流行之盛况。从另一方面说，萌芽状态时即具雏形的《九龙山摘茶》，乃是生活气息最浓郁，也是艺术特色最鲜明的一个剧目，经过演出过程中的逐步丰富，已经成为包括看茶山、报茶名、议茶价等细节，以及一系列形体动作有一定难度的技巧在内的一个大型剧目。这个剧目既有文学艺术的欣赏价值，也有历史文献上的研究价值。据以进一步改编而成的《茶童哥》，还拍了戏曲艺术片。

武宁与安远正好一北一南，相距七八百里左右，也在幕阜山脉范围之内。这里丘陵纵横，河港交叉，很早就是产茶的一个中心，地处江西、湖南、湖北三省交界处，对外交通便利，便于茶叶的运销，所以在商业上也是茶叶的一个中心。茶农种茶、锄茶、摘茶都爱唱茶歌以自娱，统称为采茶歌或采茶调。在茶行中坐唱采茶调时，当然没有舞蹈动作，所以又称为板凳曲。早就有专业艺人以此谋生，武宁人在吴城镇开设了不少茶行，专业艺人也经常前往卖唱，扩大了采茶调的影响，事实上传播得十分广远，周围的修水、奉新、靖安等县也有流行。这一带原来土生土长的花鼓灯、走马灯与之结合，表演手段有了提高和发展，已有了戏曲的雏形。后来湖北发生水灾，黄梅的采茶戏艺人逃亡到这一带演出，使当地仅具雏形的戏曲趋于成熟，于是诞生了武宁采茶戏。

此外，还有高安采茶戏、抚州采茶戏、袁河采茶戏等 11 个采茶戏剧种，其艺术特点相对地说就少了一点，都是分别受了湖北黄梅采茶戏或赣南采茶戏的直接影响或间接影响而形成。截至目前，江西省共有 15 个采茶戏剧种。有时也偶尔统称为江西采茶戏。

赣南采茶戏曾流传到外省，在福建的宁化、清流、长汀等地时有演唱，因为语言和音乐已经有了较鲜明的乡土色彩，遂被称为闽西采茶戏。流传到广东北部的南雄、曲江、翁源、乳源一带客家人的居住地区后，甚受欢迎，演唱时又吸收了客家人的山歌和舞蹈，被称为粤北采茶戏，他们也创作了《晒茶》等以茶为题材的新剧目。

流传至广西的玉林、博白、北流等地演唱时吸收了较多当地的民间歌舞，被称为桂南采茶戏。在广西，桂剧与流行在桂林、柳州、百色等地的彩调剧是最具有代表性的两个剧种，彩调也曾被称为采茶戏或大采茶。广西产茶极少，赣南采茶戏能在广西生根，发展成桂南采茶戏，又与当地民间歌舞结合而形成曾称为大采茶的彩调，自有其历史的渊源。因为赣南采茶戏的萌芽时期，亦即采茶歌时期，就开始多渠道地传进广西了。清雍正四年（1726）修的《平乐府志》即有“携花篮，唱采茶歌，或演故事”记载。清光绪二十年（1894）《玉林州志》也说：“竹马则唱采茶歌，春牛则唱耕田地。”清光绪三十三年（1907）《河池州志》又说：“或妆妇女唱采茶，歌喧锣鼓，嬉游以为乐。”其他各府、州、县志这类记载不少，不过时代则稍后了。

实际上渊源于采茶歌舞的戏曲并不一定以采茶戏命名，也不一定用谐音而称“彩调”之类。这一类戏曲影响最大而名声远扬海外者恰恰就是省略掉“采茶”二字的黄梅戏。我如此提法也有不够清晰之处，因湖北省的黄梅采茶戏名称迄未改变，现仍如此。而流传到安徽省的黄梅采茶戏从一开始就称为黄梅戏了。这仅仅是一种省略，一种简化，绝非认为剧种之形成与采茶无关也。

正好与之相反，湖北的黄梅采茶戏与安徽的黄梅戏无论就传统剧目，或表演艺术，或音乐唱腔，这三个方面都非常相似，有的竟完全相同，出自同源，本无争议余地。而《逃水荒》为两剧种均有之共同剧目，其主要情节就是黄梅的农民为逃洪水而前来安庆一带卖艺为生的故事，为安徽黄梅戏的诞生作了形象的诠释。据《黄梅戏源流》作者陆洪非的调查所得，直到辛亥革命前后，安庆地区黄梅戏的演出还不都是安徽省艺人承担的，而“余海仙——湖北黄梅戏采茶艺人，小生。董念三——湖北黄梅戏采茶艺人，正旦。余有成——湖北广济采茶戏艺人，正旦”，都是其中主要的成员。这些事实都是有力的证据。再说，很多省市的戏曲史研究者往往强调当地戏曲剧种的土生土长，不太肯承认受其他省市剧种的影响，安徽省黄梅戏专家王兆乾、时白林、陆洪非则毫无保留地肯定了安徽的黄梅戏渊源于湖北的黄梅采茶戏，似乎更能说明问题的真相。

现在还留下一个空白点：在这一类生活小戏形成以前，采茶歌既然伴随茶而传播，那么对古典戏曲有无影响呢？我认为是有的，但影响不是很大，北曲南吕官有［采茶歌］，往往作为带过曲的形式与［感皇恩］、［骂玉郎］合用之。经过加工与发展，与南吕宫其他曲牌达到了节奏、旋律、情调上的统一，如果与现在的采茶戏所唱的大同小异的采茶调作比较，已经很难找出多少共同点了。

采茶歌舞对民间小戏的形成所产生的影响基本上是如此，而属于花鼓戏、花灯戏以及滩黄戏系等系统的民间小戏剧种来说也有一定的影响，这些剧种也都对采茶歌舞有所吸收，不过取舍不尽相同而已。现在举受影响较多较明显的长沙花鼓戏、皖南花鼓戏、贵州花灯、云南花灯这四个剧种为例说明之。

长沙为湖南省会，每逢时令佳节，民间文娱甚活跃。清代乾隆年间《长沙府志》有如下记载：“元宵前数日，城乡多剪纸为灯，像鸟兽鱼虾之状，令童子扮演采茶故事。”所谓采茶故事，既有以采茶为题材的故事，也有民间采茶时节本来就表演的文娱节目。明末清初王夫之《南岳摘茶词》一诗，提到了《采茶曲》。直到现在，在浏阳一带流行的长沙花鼓戏主要曲调之一即是采茶调。而与长沙邻近的善化县光绪年间本来就流行采茶戏，后来才与花鼓戏合流。

皖南原是盛产名茶的地方，民间广泛流行采茶灯之类歌舞，后来都被皖南花鼓戏所吸收了。皖南花鼓戏传统剧目《当茶园》写书生敖文秀将惟一家产一亩茶园当掉，作为上京赶考川资事。新编《春茶曲》中上山、下坡、攀藤、走岩、采茶、盘茶、探茶等情节将传统的采茶灯中的歌舞都用上了。诸如此类，可以说如果剧种称为皖南采茶戏也无不可。

贵州花灯也吸收了民间的采茶歌舞，其传统剧目有《上茶山》，新创作的现代戏有《茶山会》等，均系反映采茶生活。

云南花灯诸系中以玉溪花灯与采茶歌舞关系最密切。

因为剧种的命名均为约定俗成，原无严格规范，因而采茶戏、花鼓戏、花灯三者实际上是我中有你，你中有我，有着千丝万缕的关系。

三、茶坊演剧与戏馆供茶

宋元两代整个国家的综合经济实力始终没有能达到比较富强的水平，但是正由于战乱频仍，人口则相对地向中央政权所在地集中，巨富豪门由此得到安全的保障，赤贫者在这里也有望得到最低限度的谋生之计。因此北宋的汴梁（开封）、南宋的临安（杭州）、元代的大都（北京）三地的第三产业呈现出了畸形的繁荣，尤其是酒楼、茶坊与戏馆。茶坊也演唱戏曲，戏馆也备茶招待观众，有时难以分辨。

当然，茶坊的称谓不一，也称茶房或茶铺，或称茶局子，也有称茶肆的，基本上都是指的茶馆。茶铺和茶肆可能有时是指买卖茶叶的店铺。在古代，戏馆的名称则更为复杂，既有倡优不分的混淆，也有班社与演出场地的混淆，瓦舍、勾栏、行院等，均有可能指的是戏馆。更奇怪的是清代同治、光绪年间一直到“五四”时代，戏馆居然全称茶园。戏曲与茶关系之密切可见一斑。

南方对茶事的讲究与重视超过北方，宋孟元老《东京梦华录》已有“茶饭量酒博士”之说，宋周密《武林旧事·诸市》：“诸处茶肆：清乐茶坊、八仙茶坊、珠子茶坊。”已列举茶坊之名称。而吴自牧《梦粱录》卷十六《茶肆》：“大街有三五家开茶肆，楼上专安着妓女，名曰花茶坊。”我认为古代“伎”、“妓”通用，绝不可能是指专门卖身的，即使不是专门演唱的艺人，至少也是以演唱为主的。田汝成《西湖志余》却说：“杭州先年有酒馆，而无茶坊。”他大概没有看到周密和吴自牧的著作吧！

南戏《宦门子弟错立身》第十二出写一旦角刚在勾栏演毕，又被召作茶坊。剧中生角科白如下：

（看招子介）（白）：且入茶坊里，问过端的。茶博士过来。

（净上白）：茶迎三岛客，汤送五湖宾。

（生白）：作场。（分付请旦介）

此处“看招子介”十分重要。这招子就是演出的海报，此人看了海报上所写演员与剧目，认为可以，这才分付演出的。这是元代茶坊演戏的铁证。

那么明代的情况又如何呢？周宪王朱有燉有《桃源景》杂剧，主角为演正旦的橘园奴，虽然在“勾栏里”、“官长家”献技还受到尊重，但是她们这一些姐妹仍得每日“串了些茶房酒肆，常则是待客迎宾”。当时风尚杂剧演员以女性为主，生角净角往往亦由女性担任，这是沿袭元代的陈规，《青楼集》所记载对象，女性较男性为多。

到了清代乾隆、嘉庆年间，地方戏之兴起蔚然成风，班社再一次向大城市集中，首先是宫廷间的演出，然后是北京、天津、南京、上海各地的民间的职业性演出，其演出场所则为茶园。根据张际亮《金台残泪记》说：“听歌而已，无肆筵也，则曰‘茶园’。园同名异，凡十数区，而大栅栏为盛。”必须明确的是茶园本来就有的，为了演戏，重作一番装修而已。所演出之戏曲剧种主要是昆剧与京剧。

正因为这一种名为茶园的剧场本来是名副其实的茶园，所以观众进场只付茶资。至于座位另有茶房安排，按座位之上下再付若干小费。不言而喻，无演出时，茶园照常营业。茶园中均为方桌，以便置放茶具，有演出时，三面就座，空出向舞台的一面，以利观戏之视线。

从道光年间一直到辛亥革命前后，北京这一类演戏的茶园有天乐茶园、天和茶园、天汇茶园、春仙茶园等。

这种风气很快传到天津，据光焘《津门杂记》，光绪初叶、中叶这一类茶园以金声茶园、庆芳茶园、协盛茶园、袭胜茶园最负盛名，号称四大名园。

南京演戏的茶园兴起更晚些，如昇平茶园是最早的一家，场子里是排放的长条凳，凳背上有稍阔的木板，可放茶具。徐半梅在《话剧创始回忆录》中说：“因前清遭了国丧，戏院禁止开锣，故改称茶园，以作掩耳盗铃。”则也有可能。但是除中心地带的长凳之外，在四周也还有可以舒适地坐着喝茶的方桌若干，要看戏听戏则视线稍差，也听得不太清楚。据戏曲家卢前（1905—1941）《冶城话旧》书中回忆，他孩提时曾随祖父往昇平茶园观剧。较晚的演戏的茶园有文莱茶园、马聚兴茶馆、聂顺兴茶馆等。辛亥革命以后开设的绝大部分就称作戏茶厅了，著名的有中华戏茶厅、鸿运楼戏茶厅等。

南京曾出现过茶舫，行驶在秦淮河上。从奎光阁到文德桥这一段河面较开阔，可以通过较大的船舶。在船上搭架舞台固然困难，但清唱则毫无问题。在桨声灯影中，一面品茶，一面听戏，倒也别有风味。这是北京、天津、上海三地都没有尝试过的。《南都揽胜记》一书对此有所记载。

从清代同治、光绪年间一直到20世纪、21世纪之交的今天，上海始终是中国戏曲演出最频繁的大都市，也是演出戏曲的茶园最集中的地方。据说第一家名三雅园，上午仍旧卖茶，下午、晚上演戏，也供应茶。

所以稍后开设的因兼营卖茶就称一桂茶园、丹桂茶园、同桂茶园等名称了。但在文人笔下却又往往有意无意地将茶字遗漏，例如《绛芸馆日记》。这位馆主是个戏迷，经常去看戏，但有时写丹桂茶园、金桂茶园等全名，有时则用丹桂园、金桂园等简称，并非园名三天两天作更改也。

还有一种说法，认为上海的戏园称茶园是从苏州学来的，而苏州之所以如此，也是因为清代国丧期间不让演戏，才用了这种办法。这和南京流传的讲法基本相同。

但有一点则无异议，那就是付茶资而入园，而不是付看戏听戏的费用而入园。茶资按座位而分高下，《申报》有广告可以查照。举光绪五年（1879）为例，三雅园每正桌三元、散座五角、包厢三元五角、包厢散座五角、边厅座三角、边厢座二角等。

海上漱石生（孙玉声）《上海戏园变迁志》记载了茶园卖茶的一些规定："正厅、边厅、包厢皆用白瓜楞有盖茶碗，边厢之碗无盖，以示区别。"徐凌云述、管际安笔录的《上海的旧式戏园——茶园》，曾由陆萼庭珍藏多年。1986年3月发表于《上海戏曲史料荟萃》第一集，对这些情况有所补充："观众拥挤时，才在桌前及两旁加设数椅。每一座位，都泡盖碗茶。”“正厅两旁狭长的一条，名曰边厢，座位并不正对戏台，坐的是长凳，座位前木栏杆上，也可泡茶。”“包厢在边厢楼上，隔成若干小间，每间六座，前面木栏较阔，可置茶碗果盘”。“包厢、正厅泡茶的盖碗大都用白地的，洋人与妓女则用彩色盖碗，以示区别。”上海这类茶园先后一共开设了百家左右。1917年贵仙茶园开张不到半年关门了。这是最后一家茶园，从此以后开设的戏馆大都以某某舞台为名，但是泡茶这一项服务不变。而收费也改为按剧种、角色、戏码的不同而定了。直到1949年，在“戏改”声中，不约而同地取消了卖茶。

看戏、听戏和喝茶之间按说原没有多少内在的联系，但茶毕竟比开水多了一分清香，比咖啡的一次性饮料又多了一种可持续享用的优点，更不像酒那样容易醉而迷失本性，而是愈喝脑子愈清楚。宋、元、明、清以来，出入于勾栏、茶园等场合的“郎君领袖”、“浪子班头”都以擅长“分茶，攧竹；打马，藏阄”而自我炫耀，关汉卿的《不伏老》，就是最好的自白。

《百花亭》所写主人翁王焕也是勾栏熟客，也是分茶能手也。

士大夫们在自己的府第中有一整套的休闲、娱乐生活，我们不妨看两个横切面。明末李日华《味水轩日记》(残本)：

> 珍所，名正儒。丙子（1636）乡荐授河南兰汤令。俄罢归，不营俗务。制一楼舫，极华洁，蓄歌儿倩美者数人，日拍浮其中。每岁于桃花时，移往西湖六桥，游观自适，追尝新茶，始去。

再如清初陈维崧所记：

> 甲辰（1664）春暮，毕刺史载积先生觞客于斯园（依园）。……先生与诸客分踞一胜，雀炉茗杭，楸枰丝竹，任客各选一艺以自乐。
>
> 少焉，众宾杂至，少长咸集，梨园弟子演剧，音声圆脆，曲调济楚。

看来士大夫们都爱品佳茗、听妙曲，好在两者同时进行并不矛盾，而且有一种相互映衬的乐趣，所以就在家庭中尽可能这样安排了。当然，更不存在两者之间以何为主的问题。

茶坊演剧或戏馆供茶都是人们对生活的艺术的一种尝试或创造，有其利，也可能有其弊。仅爱好品茗者当然宁可选清净环境中慢慢品味，仅爱好看戏者也会嫌沏茶声、吃茶点声干扰听觉，人影人头晃动干扰视线，宁可全神贯注地看戏听戏。

根据宋、元、明、清以来的实际情况，人们接受茶坊演剧、戏馆供茶者亦不少，无论从满足个人情趣而言，从服务性商业应多样化而言，这种社会风尚现在又有局部恢复的现象，应该说也是必然的，无可厚非的，对于振兴戏曲，振兴茶文化，都有其积极的作用。

四、结束语

探讨戏曲与茶文化的互动作用仅是一个极小的专题，深入下去，居然蕴藏也如此丰富。这篇文章只能说是开了一个头，在理论上更少建树，个人水平有限，希望戏曲史论专家有以教我。类似的专题，例如戏曲与酒文化的互动作用，其实也是大可探讨的。

关汉卿说的“分茶”作何解?

一、问题的提出

关汉卿的《一枝花·不伏老》是元代散曲的杰作，也是关汉卿字字本色而又才气横溢的自我写照，历代都有好评。然而较多的是对“铜豌豆”三字的歌颂或叹惜，对其浪子生涯的同情，诸如此类等。

笔者觉得这位风流才子之所以能够如此出入勾栏瓦肆如自己家门，之所以能和娼优隶卒乃至骚人墨客，甚至达官贵人交朋友，当然和他的落拓不羁、玩世不恭的处世哲学分不开，但也和他精于游乐和琴棋书画诗酒花茶都有一定造诣，至少能充分欣赏有关。

对于这一方面，前人几乎都不求甚解。当然当代学者作过些注解诠释，有的过于简略，如同不注。有的注了却无出处。更主要的往往各执一词，彼此之间毫无共同之点。

例如关汉卿自诩：“花中消遣，酒内忘忧。分茶，攧竹；打马，藏阄。通五音六律滑熟。甚闲愁到我心头。”元曲研究者能倒背如流。但是“分茶”一词究竟作何解呢？有的人就吃不准了，也许根本没有去深思过。

二、当代元曲专家的考释

当代元曲专家王学奇在他与顾学颉合著的《元曲释词》中作了如下解释：

宋·孟元老《东京梦华录》卷4“食店”条云：“大凡食店，大者谓之分茶。”宋·吴自牧《梦粱录》卷16有“分茶酒店”、“分茶店”等名称，据此，知“分茶”当是随意饮酒、小吃的意思。

“分茶”一词，在宋、金、元三代的文学作品中曾多次出现，我们可以择其较著名者一一查照，可知决非“随意饮酒、小吃的意思”。

较早有宋代陆游《临安春雨初霁》一诗，内称：“矮纸斜行闲作草，晴窗细乳戏分茶。”陆游是一位精于品茶的大行家，他的喝茶对于茶叶、用水、茶具、环境等都考究之至，他的诗歌题咏茶的不下几十首。在诗中将“闲作草”与“戏分茶”相提并论，当然是视之为一种休闲时的文娱活动，有着一定的文化内涵，而不可能指随意饮酒或小吃。

到了金代，则有董解元《西厢记诸宫调》，张君瑞出场自报身世时，唱了《仙吕调·赏花时》，以“选甚嘲风咏月，擘阮分茶”表示自己的多才多艺，言外之意“嘲风咏月，擘阮分茶”之类都不在话下了。

稍迟于关汉卿《不伏老》的元曲作品还有杂剧《百花亭》，对于出入秦楼楚馆的纨绔子弟王焕，形容其精通各项才华技艺时，所列举的名堂较上两曲所列举者更多，说“据此生世上聪明，今时独步。围棋递相，打马投壶，撇兰攧竹，写字吟诗，蹴鞠打诨，作画分茶……九流三教事皆通，八万四千门皆晓，端的个天下风流，无出其右。”正因为王焕有这许多种或文或武或庄或谐或雅或俗的才能技艺，所以才被认为“世上聪明，今时独步”，被赞誉为“端的个天下风流，无出其右”。假使“分茶”仅仅是“随意饮酒、小吃”，决不可能与“围棋递相”等相提并论，也不能成为“天下风流，无出其右”这样高度评价其“世上聪明，今时独步”的条件或例证之一。因为“随意饮酒、小吃”这种行为，即使是弱智，即使生理状态接近白痴的程度，也能够做的。也就是说，凡是人，即使文化低下，而且愚蠢至极，都会“分茶”了。那么，关汉卿用能“分茶”来自诩自夸，岂不是太可笑了吗？

王学奇在此还引用了《盛世新声》亥集小令［寨儿令］：“常串瓦，爱分茶，没人处便学闲磕牙，弃业抛家尽自由他”。这也不能把“分茶”作“随意饮酒小吃”解。宋·陶谷《清异录》的解释似为注茶时使茶汤出现花纹。陆游也是较早使用“分茶”一词的人，他不仅爱茶，而且对饮茶极有研究，当然更没有因“分茶”而“弃业抛家”，而是敬业爱家并且非常爱国的人间文豪。

另一位元曲专家吴国钦校注的《关汉卿全集》中“分茶”注为：“古代勾栏里一种茶道技艺”。可能忽视了南宋陆游《临安春雨初霁》那首诗，陆游分明是即将赴严州任知州时，从故乡到临安（今杭州）等待皇帝召见，闲居中百无聊赖而作。此诗全文如下：

世味年来薄似纱，谁令骑马客京华。
小楼一夜听春雨，深巷明朝卖杏花。
矮纸斜行闲作草，晴窗细乳戏分茶。
素衣莫起风尘叹，犹及清明可到家。

以研究古诗称著的葛晓音对此诗在《古诗艺术探微》(1992年)一书的《春在卖花声里》篇章中作了较细密的考释，认为陆游对朝廷的无能颇为失望，闲居小楼，听了春雨，引起了惆怅。他说“草书和分茶二事都只是人在闲极无聊时，姑借以消遣而已”。据此，笔者觉得解释为“一种茶道技艺”，勉强可成立，但是仍欠完整，不够确切。因为陆游并不是在勾栏中欣赏或享受“分茶”，而是在闲居于临安城内某一小楼中的消遣。此人嗜茶成癖，不可一日无此君。闲居当有充分时间让他在这方面满足一下嗜好。此外，没有提具体朝代，概括地称“古代”，对“分茶”的具体内容又一字未提，读了之后，总觉得没有彻底解决悬疑。

王学奇与吴振清、王静竹三人合作校注《关汉卿全集》(1990年)，对于“分茶”一词的注释，改成为“宋代流行的一种茶道，常见于诗文笔记，如陆游《临安春雨初霁》：‘矮纸斜行闲作草，晴窗细乳戏分茶’。”可以说对他本人17年前《元曲释词》中的注释有所纠正，也没有说仅仅是勾栏中流行的玩意，对吴国钦的注释实际上也有所澄清。

但是，要注释“分茶”这一词语，并不轻松。因为谁也无法说清楚这“一种茶道”的具体内容，究竟如何操作。问题在于“茶道”云云，虽然曾见于唐、宋、金、元、明古代文献，但用得不广泛，而且内涵复杂，近乎有关“茶”的饮用技艺的总称。1999年版的《辞海》也未收此一词目。

从新中国成立到“文革”这17年中，我们很少用此语汇。改革开放时期，因日本广泛使用“茶道”一词，我们就普遍引用了。但是以为所谓“茶道”主要是指以茶接待贵宾的形式与礼仪。而在日本，把书法艺术称为书道，围棋技术称为棋道，“茶道”原是一种泛称。我们称“分茶”为“一种茶道”，显然忽视了中日两国在茶文化上的明显差异，而且也无法说清楚“分茶”以外，还有哪几种“茶道”。

因此，认为霍松林在《元曲鉴赏辞曲》，称“分茶”为“品茶”，也并不比“古时的一种茶道”差。当然也未深究其本源，未再说明如何品法。

在此，笔者附带介绍以研究散曲称著的凌景埏，他在校注金董解元《西厢记诸官调》时，注“分茶”为“烹茶”。同时，还将应天长的“银瓶点嫩茶，啜罢烦渴涤除”下注：“点嫩茶——点茶，古代烹茶的一种方式。这里只是指泡茶。”看来凌景埏是当代学者中对“分茶”首先界定为“烹茶”或烹茶形式之一的仅有的一位学者。但美中不足的是未提出确切的依据。

三、当代诗词学者的考释

由于新中国成立以来，国内外对元曲有了更多的重视，关汉卿曾被一些国际组织评价为世界文化名人，而其《不伏老》则是他散曲的代表作，“分茶”一词遂成为《元曲释词》中重点词目。元代的关汉卿明显地升值，到了和南宋大诗人陆游不相上下的程度。《不伏老》较《临安春雨初霁》知名度更高，既然“分茶”之说，已有陆游使用在先，我们不妨参考一番当代诗词学者的考释。

先说前面已提到过的葛晓音《春在卖花声里》，关于品茶的问题，有下面一段话：

> 细乳是茶中的精品，《茶谱》说：“婺州有举岩茶，其片甚细，味极甘芳，煎如碧乳。”《谈苑》也说：“茶之精者，北苑名白乳头”。“分茶”是烹茶的一种方法，煎茶加姜盐，分茶不用。

虽然较元曲专家所作注释详尽不少，但是对问题仍没有说清楚。她的意思是只有某种特殊品种的茶才可以或值得“分茶”之戏。她认为“其片甚细，味极甘芳，煎如碧乳”三句话为“细乳”二字之出处，言之可以成理，但亦稍感牵强。因为“细乳”一词原有出处，最早见于庾信《华林园马射赋》：“草衔长带，桐垂细乳”。而且苏轼《湖上》诗谓“新火发茶乳，温风散粥饧”。可见“茶乳”为茶汁之泛称，根据茶汁之浓密细疏老嫩之不同，盛器中茶汁浅满之不同。乃有“细乳”之说，与“分茶”之间似无必然之关系。

而且，陆游的故乡山阴的日铸茶、临安郊外的龙井茶、太湖南岸湖州的顾渚茶等名茶，都有可能被他饮用，陆游是否一定要用远在江西安徽交界处的婺源所产茶或福建武夷山所产北苑茶作“分茶”之戏呢？恐怕不一定。至于“白乳头”云云，系指茶叶而非茶汁，更未提到“细”这一点，要联系就困难得多了。“分茶”用不用姜盐？葛晓音是否定的，她认为煎茶用，分茶不用。这就进一步锁定了“分茶”是烹茶的一种方法。对此，如果她能引用最早的古籍，就更能使人信服了。

《宋诗鉴赏辞典》所收陆游此诗，王镇远之赏析对“细乳”与“分茶”均作了比较明确的解释：

> “细乳”即是沏茶时水面呈白色的小泡沫，“分茶”指鉴别茶的等级，这里就是品茶的意思。

据《农业考古——茶文化专号》(1999.12) 所载《评明太祖罢造龙团》一文，为了纠正宋代采茶过早的失策，明代把采茶的时间予以规范化："清明谷雨，摘茶之候也"。"不必太细，细则芽初萌而味欠足"。则"细乳"显然指鲜嫩之茶叶所泡出之汁，而非白色小泡沫也。

笔者已举过苏东坡《湖上》诗中"茶乳"一词泛指茶汁，而茶汁决非白色也。苏东坡复有《和蒋夔寄茶》诗："一瓯花乳浮轻团"，"花"字形容"乳"而非上浮之"轻团"也。

但王镇远对"分茶"理解为鉴别，仍有较多研究价值，而且跳出了现代学者的窠臼。唐代白居易收到友人李六郎中寄赠之蜀中新茶时，作诗答谢，所谓"不寄他人先寄我，应缘我是别茶人"之"别茶"，亦即鉴别茶叶之意。王镇远说："鉴别茶的等级"范围太狭仄了。应该有种类、采集时间、制作程序与方法，甚至贮存手段等。

葛晓音、王镇远两家考释填补了元曲专家考释的不足之处。

四、"分茶"的出处

以上列举了当代元曲专家、诗词学者的"分茶"的种种考证、解释，很难获得一个共同的论点。因此，似有必要从陆游《临安春雨初霁》往上再作追索，是否陆游以前有人用过"分茶"一词。原来唐代韩拥《谢茶表》有云：

吴主礼贤，方闻置茗。晋臣爱客，才有分茶。

此处吴主指三国时东吴之末代孙皓，原不是什么贤明君主，他接待韦昭时曾以茶代酒，事见《续博物志》“南人好饮茶，孙皓以茶与韦昭代酒”。语甚简略。按韦昭即韦曜，为著名大学者，历事孙亮、孙休诸朝，任太史令、中书郎、博士祭酒诸职，秉性刚正，大义凛然。孙皓即位后，信用不衰，但因是非分明，对孙皓所作所为颇不满，最后曾一度被孙皓下狱。《三国志·韦曜传》有如下记载：“曜素饮酒不过二升，初见礼异时，常为裁减，或密赐茶荈以当酒”。荈者，郭璞注《尔雅》谓：“今呼早采者为茶，晚取者为茗，一名荈。”

看来孙皓因韦昭酒量甚小，所以就以茶代酒了。“密赐茶荈”，是否也可以理解成为把他自己饮用的茶叶分给了韦昭。如果是这样，这就是最早的“分茶”行为。但毕竟韩拥没有径用“分茶”一词。

至于“晋臣爱客，才有分茶”，事例就多了。可能是指《世说新语》：“王濛好饮茶，客至辄命饮，士大夫每欲候濛，必云：今日有水厄”。也可能是指《续博物志》：“谢安诣陆纳，设茶果而已。”这位王濛是晋代著名的风流人物，也做过王导的幕僚。《王长史别传》说他“外绝荣竟，内寡私欲”品德颇为高尚，却相当任性。自好饮茶，喜欢用茶接待客人，也犹可说。但是到了接近强迫的程度，就不可取了。他只活了39岁，或者就是因为饮茶过多毫无节制，伤了身体，亦有此可能。

使笔者感到为难的是孙皓、王濛、陆纳三人究竟用何种程序、何种形式、何种茶叶分别接待臣僚或友人的，则一无记载。那么，“分茶”也很可能就是意味着主人把自己最喜爱的“茶”分给客人喝了，此外，没有别的内涵。

当然，主人既是帝王或名臣、名士，本来喝的茶应该是当时出之于深山绣谷的名种，烹茶的方法也一定会非常考究，甚至茶具亦是名陶名瓷，但是这些内容要都使之包容在内，概括地称为“分茶”的话，从逻辑上讲，也是难以自圆其说的。韩翃是否还拥有其他的史料，我们无法猜测。至于陆游诗中的“分茶”，既未说是受人馈赠，也未说请客来与之同享，我们不能妄加牵强附会。

五、“分茶”如何“分”法

从以上的叙述、考证、解释，已经提供“分茶”的两种可能的“分”法。第一种是帝王分给臣僚，在古代非常普遍，北宋赵佶有《宫词》：“今岁闽中别贡茶，翔龙尤寿占春芽。初开宝箧新春满，分赐师垣政府家。”但未连用“分茶”一词。较常见的称谓是“赐”“茶”，或者是主人招待客人，即如韩拥《谢茶表》所说。第二种将“分茶”作“别茶”解，包括识别、欣赏都在内，则内容非常复杂，可以有很多的方面和很多的层次，例如种类产地、采摘时间、制作方法、用水质地、饮用程序等。

另有一种“分”法，以上叙述、考证、解释尚未涉及，即化整为零之谓，古代盛行将茶制作成所谓“龙团”、“凤饼”，有的则压成茶砖，亦称砖茶。此外有“茶串”之说，可能将茶制成冰糖葫芦一般。现在还有砖茶出口到中东一带，国内供应似以少数民族较集中的西藏、青海、新疆、内蒙古、宁夏等地。四川和云南出产的沱茶，一说是因其拧结成一坨而得名。饮用团状、饼状、串状、坨状的茶不可能不加以分割，然后取其一小部分，这也是一种“分”。

茶的分类大别之有绿茶、乌龙茶、白茶、花茶、紧压茶和红茶六类，著名的茶树品种有一百多种。我们既非茶农，亦非茶商，对这些方面自不必作过于繁琐的考索。但如将茶作为一门赏心乐事对待，势必对其产地、采摘时间、制作程序、用水、茶具等有相当的知识，否则就无法真正得到其中的乐趣，也难以弄懂“分茶”的定义或内涵。白居易自称“别茶人”，关汉卿自诩能“分茶”，我迄未能查到此二人饮茶之具体资料。但张岱《陶庵梦忆》有《闵老子茶》一文：

周墨农向余道闽汶水茶不置口。戊寅九月，至留都，抵岸，即访闵汶水于桃叶渡。日晡，汶水他出，迟其归，乃婆娑一老。方叙话，遽起曰：“杖忘某所。”又去。余曰：“今日岂可空去？”迟之又久，汶水返，更定矣。睨余曰：“客尚在耶！客在奚为者？”余曰：“慕汶老久，今日不畅饮汶老茶，决不去。”汶水喜，自起当炉。茶旋煮，速如风雨。导至一室，明窗净几，荆溪壶、成宣窑磁瓯十余种，皆精绝，灯下视茶色，与磁瓯无别，而香气逼人。余问汶水曰：“此茶何产？”汶水曰：“阆苑茶也。”余再啜之，曰：“莫绐余。是阆苑制法，而味不似。”汶水匿笑曰：“客知是何产？”余再啜之曰：“何其似罗岕甚也？”汶水吐舌曰：“奇！奇！”余问“水何水？”曰：“惠泉。”余又曰：“莫绐余！惠泉走千里，水劳而圭角不动？”汶水曰：“不复敢隐。其取惠水，必淘井，静夜候新泉至，旋汲之。山石磊磊藉瓮底，舟非风则勿行，故水之生磊。即寻常惠水犹逊一头地，况他水耶？”又吐舌曰：“奇，奇。”言未毕，汶水去。少顷，持一壶满斟余曰：“客啜此。”余曰：“香扑烈，味甚浑厚，此春茶耶？向瀹者的是秋茶。”汶水大笑曰：“予年七十，精赏鉴者，无客比。”遂定交。

这篇短文反映了张岱能区别阆苑茶与罗岕茶，能区别惠泉水与特定情况下汲取的惠泉水，能区别春茶与秋茶，能赏识精美的茶具与清幽的饮茶环境。可以说，在任何方面，他都精于“分”，达到了品茶的最高水平。

还有时间上顺序上的“分”，有的记载说茶叶分三次放入盛器中，沏茶的“凤凰三点头”也不纯粹是动作的美观，水分三次注入盛器，也有个讲究。还有在满或浅的程度上的“分”，一般认为第一开应在满浅之间最合适，诸如此类，等等。也有饮用者人数多寡的“分”，如陈继儒《茶董小序》：“自谓独饮得茶神，两三人得茶趣，七八人乃施茶耳”。再如屠隆《考槃余事》、文震亨《长物志》则又都强调了饮茶者的人格修养的高下雅俗之“分”，似乎离开了茶的本体了。我觉得对茶能作一方面或多方面，甚至各方面的区“分”的饮用者，都可以称得上品茶能手。当然各人切入点不尽相同，不可强求一律。各人造诣不同，也难以分高下。

六、结　语

笔者从不同的历史时期，通过不同的人物、事件、语言寻求“分茶”一词的确切解释，都很难有一个十分明确的概念，更不用说有历史人物都能认同的结论了。

之所以出现这种情况，并非偶然，因为从韩拥所提到的孙皓（公元263年前后）或王濛（300年前后）有关茶事的活动算起，到关汉卿写《不伏老》为止，中间相距达1000年之久。在这一悠长的历史时期之内，饮茶的风俗习惯有了多方面的演变，茶的品种也大为增多，很难设想，他们所谓“分茶”是指同一的内容或形式。

尤其应该重视的是陆羽《茶经》与赵佶《大观茶论》均不用

“分茶”的提法。关汉卿之后，或者说相隔二代之后，也再无人用“分茶”一词。品茶属第一流水平的明末的张岱《自为墓志铭》则自称“茶淫桔虐”而已，较张岱略早的高濂、陈继儒、屠隆，较张岱略迟的清初李渔等，都是精于饮食而且使之成为艺术科学的文人，都精通“茶”，也都没有自诩擅长“分茶”，笔者认为不仅饮茶的与方式方法的演变有关，也与“分茶”一词的内涵含混而不明确有关。

但是，对于关汉卿代表作《不伏老》所说“分茶”，我们仍应重视，不能视而不见。既然三国至元代各个时期的“分茶”均无翔实而完整的文献可资查考，“分茶”一词多义的可能性也不能排除。但可以肯定决非“随意饮酒、小吃”，也不是盛行在“古代勾栏”中，但亦有可能勾栏为了争取文人雅士的光顾，因而引进了士大夫阶层的“分茶”。

“茶道”之称，在中国古代流行不广，近乎关于茶的学问的总称或统称，而在日本，“茶道”一词虽来自中国，其内涵却有了微妙的变化。或者说，中国古代的茶道是广义的，日本现代的“茶道”相对来说是狭义化了。因此，我不赞同把“分茶”解释为“茶道”或“一种茶道”。

附带要说明的是：葛晓音在她的文章中说：“煎茶加姜盐，分茶不用”，近乎推测。陈继儒《茶董小引》说：“黄鲁直去芎用盐，去桔用姜。”那么，黄庭坚饮的是煎茶呢？还是分茶呢？这问题就无法回答了。当然，也可以认为煎茶也是“分茶”的一种形式。

不管任何一种提法，“分茶”就是“品茶”，总可以成立的。既然没有确切的材料，可以详细叙说关汉卿以前、关汉卿本人的“分茶”究竟是怎样一回事？那么，就简单地注曰：“品茶”，也是很实事求是的做法。笔者赞同霍松林如此注释。

《玉簪记》中的茶事茶艺

一、前　言

明代隆庆、万历年间涌现了一大批传奇作家，人们最初较为关注的则是梁辰鱼、汤显祖与沈璟及其作品，如果从他们的创作对昆曲的发展或变迁来说，的确有其内在的必然性。但是，如果更广泛地审视传奇作品的艺术成就来说，我们的视野就不能这样狭仄，举例来说，高濂及其《玉簪记》的成就与影响显然在清代以及辛亥革命前后在一定程度上被忽视了。

新中国成立之初，川剧陈书舫、周企何合作献演的《玉簪记》中的那折《追别》，一般称为《秋江》，在舞台上呈现了夺目的光彩。陈书舫所唱［红衲袄］“奴好似江上芙蓉独自开……”情深意切，宛转动人。周企何饰艄公对这个痴情的尼姑十分同情，但又恰如其分地予以逗弄。这个折子戏成了经典，各剧种竞相移植。《玉簪记》这才引起较多人的兴趣。1960年，我研读了高濂的其他诗文，写了一篇《〈玉簪记〉作者高濂》，刊于报端，聊补空白。直到改革开放，徐朔方教授编撰《高濂行实编年》，才根本上改变了高濂被漠视的情况。

必须说明的是高濂决不仅仅是一位颇有成就的传奇作家，他学识丰富，家学渊源，对于古籍版本有大量收藏，也精于鉴别。又收藏了若干宋元以及明初大家的书画，谈起来头头是道。对于琴、棋、茶、花鸟以及消闲艺术也都熟悉。家道裕如，又及早从宦途退居家园，有了充分条件去钻研，再进一步发展到了按摩、炼丹等养生这一领域。有财力、时间这两方面的必要条件支撑，他的成就也就非同一般。

我们知道高濂关于休闲书画艺术的著作《遵生八笺》在新中国成立之初极少人能看到，而李渔的《闲情偶寄》乃是由戏曲表演艺术心得与休闲生活艺术两部分组成，前者固受了明代王骥德较多启发，毕竟也有较多他自己的感悟。而休闲生活艺术部分的情况完全不同，他忙于为生活奔走，忙于应付达官贵人。根本不具备高濂那种富裕而悠闲的客观条件，所谈所举例证，直接抄袭《遵生八笺》者不少。世人不察者以为李渔的生活体验，那就与实际情况不相符合了。

现在，我再次研读《玉簪记》，发现此剧对茶艺有多方面的反映，无论就元杂剧或明清传奇而言，茶艺方面的内容如此丰富，堪称绝无仅有。如果对之不求甚解，当然会影响《玉簪记》的深度欣赏与高度评价。

二、《假　宿》

《假宿》为第七出，居官知府的张于湖，嘱家人王安隐瞒了身份，假称士人，寻觅僧房道院，洗澡乘凉，王安来到了女贞观。观主姓潘，所唱称“松影下避炎热，对南薰方打叠。且高卧南柯蚁穴，谁到此又传接”。自然是很不一般的尼姑。后来，回答张于湖的询问时，唱“唐高祖创善缘，久崩颓是我重建”。要重建这座规模不小的女贞观，需要较多资财。就这样从文化素养和经济实力两个方面说明这尼姑绝非等闲之辈，这为尼姑何以精通茶艺一事作了必要的伏笔。

张于湖未进女贞观之前，这尼姑正在逍遥自在地享受着神仙般的清福。她念着一曲［长相思］：

> 昼垂帘，夜垂帘，三炷清香佛座烟，心闲身亦闲。昼幽然，夜幽然，竹下清风琴上弦，龙团身自煎。

主要写女贞观内环境之清静幽雅。末句“龙团身自煎”点明了老尼姑精通茶艺，乃是一位品茶高手。

所谓“龙团”，那是福建建溪北苑所出产的茶，北宋开国之初，就派专人在福建监督北苑茶之采集与加工，蒸压成块，称为龙团，因为图案之不同，也有称为“凤饼”的。一般重量是八块为一斤。到了蔡襄为福建转运使时，制作更趋精细，二十块才有一斤之重。朝廷对这项贡品也十分重视，只有品级极高的官员，偶然能得到赏赐，但往往只是极少的一部分而已。承欢的官员为了讨帝后的欢心，又更进一步精细化，于是出现了一种块状更小的团茶，名“密云龙”。对于茶农的负担日益繁重，最后也有大臣上疏，陈述弊害。“密云龙”总算停止制造了，但进贡“团茶”则一直成为例行的成法。

女贞观的尼姑居然也享用“龙团”，这比起她出资重建崩坍的女贞观更能说明她的神通广大。因为正如胡仔《苕溪渔隐丛话》所说：“第所造茶不许过数，入贡之后无市货者，人所罕得。”

那么，尼姑又为什么要“身自煎”呢？原来这种团茶在制作时，在蒸和压两道工序上就大有讲究。而“煎”也很不简单，按照宋徽宗赵佶《大观茶论》，要把茶膏先调和得非常均匀，注入沸水时不仅不能太快太猛，而且要从茶具的周边分别先后冲开，使水面上的汤花呈现满天星月般的图案，方才合格。喝了些许，第二次加沸水又有一些要特别注意的地方。所以如果派动作粗笨的香公或小尼姑去做，肯定把“龙团”糟蹋掉了。她必须“身自煎”。

正因为，休闲生活的品茶已经不是日常生活的解渴作用的喝茶，而是一种享受，一种艺术，整个过程就成了艺术创作，所以文人雅士、名门闺秀、释道隐逸对品茶不敢掉以轻心，要自己操作，甚至对采茶、取水、选择茶具等环节，也都要亲自动手方能放心。

唐代《陋室铭》作者刘禹锡，就喜欢自己采茶。《西山兰若试茶歌》：“宛然为客振衣起，自傍芳丛摘鹰爪。”为了要采新茶招待客人，他就自己去摘，这才放心。

在宋代，亲手煎茶，成为上层社会的一种风气，苏东坡《鲁直以诗馈双井茶，次其韵为谢》：“磨成不敢付童仆，自看雪汤生玑珠。”把话说得最明白不过了。我认为苏东坡担心童仆煎得不合要求固然是主要原因，同时他本人对煎茶产生了乐趣，认为是一种风流韵事，所以乐此不疲了。

再说宋徽宗赵佶，他对治理国家一筹莫展，却精于书画，对茶艺也是精通的，《大观茶论》的理论著作水平颇高，在生活中，他也有具体的表现。据《延福宫曲宴记》：“宣和二年十二月癸巳，命近侍取茶具，亲手注汤击拂，少顷，白乳浮盏面，如流星淡月。顾诸臣曰：‘此自烹茶。’”听他的语气，对自己的操作是十分得意的。

到了明代这种风气有增无减。俞允文《罗岕茶歌》：“得之不减玉与琼，开缄试新手自烹。”得到了亲友馈赠的新茶，认为十分难得，所以自己动手加工。《虎丘茶经补注》：“吴匏庵与沈石田游虎丘，采茶手煎对啜。”吴匏庵乃吴宽，沈石田乃沈周，都是大书画家。他们两人到了虎丘，品尝虎丘茶，居然从第一道工序采摘开始，一直到最后的“对啜”，都要亲自动手，说明了他们两人的雅兴不浅，也说明了对之非常考究，不敢让童仆或茶农代劳，惟恐其不合要求也。

宋代所沿用的拌和香料，加以蒸、压后制块的方法、程序，到了元代就已废止。明代人品茶的生活习尚已和我们今天相当接近了。高濂在《遵生八笺》一书中，对品茶的论述颇多，应该说，他对中国人品茶的历史演变也是研究有素的。《玉簪记》以宋代为历史背景，他当然就让女贞观的尼姑煎“龙团”了。他在《遵生八笺》中说：“茶团茶片皆出碾硙，大失真味。”作出了彻底的否定。

在高濂的品茶生涯中，对各个程序的要求非常严格、非常具体，也就是《遵生八笺》中的“煎茶四要”，例如“凡烹茶，先以热汤洗茶叶，去其尘垢冷气，烹之则美”。例如“凡茶少汤多则云脚散，汤少茶多则乳面聚”等，可见其分寸掌握之难。这是他在《玉簪记》所以要让尼姑“龙团身自煎”的缘由。此处有：

外避暑到仙家，香烹丹灶茶。

这两句诗极易忽略过去。茶艺之所以很快在各地流行，和道家的提倡也有一定的关系。晋代杜毓《荈赋》记载，余姚人虞洪在瀑布山中时就遇到了精通此道的道士，名丹丘子。

南北朝时隐居在茅山的著名道家陶弘景在著作中多处谈到茶对人的益处。明初宁献王朱权，虽是王室，中年以后即皈依了道教，他对茶灶也很有研究。

女贞观是道教的修行所在，香公说：“香烹丹灶茶”合情合理。一般的道观很可能并不炼丹，当然也没有丹灶。然而女贞观中品的是“龙团身自煎”的高级茶，这一规格的道观自然也应该有炼丹的专用灶了。为了一日三餐吃饱肚子的灶，菜肴比较杂，也免不了油腻。而炼丹的灶当然特别清洁。在此烹茶，可以避免受到其他气味的侵蚀，而确保茶的清香。

而且丹灶往往不是用砖砌的，不在厨房里，而在更幽静的处所，有的就地取材，根据山间岩石的形状，略予加工，成了一具石灶。人们就在此炼丹或烹茶。

历代文人对茶灶也都颇为考究，《唐书·陆龟蒙传》："居松江甫里，不喜与流俗交，虽造门不肯见。不乘马，升舟，设蓬席，赍束书、茶灶、笔床、钓具往来，时谓江湖逍遥人。"他的茶灶看来不是把石头凿成的，恐怕也不炼丹，但是宋代的情况就有了明显的变化。例如《西溪丛语》："介甫为馆职时，梦至山间，遇道人引至一处，松下有废丹灶……"朱熹有诗："室连丹灶暖，厨引石泉甘。"王安石在梦境中的遭遇究竟说明什么很难说。朱熹恐怕不可能去炼丹，他的丹灶十之八九是作烹茶之用了。

又徐铉《新茶诗》："轻瓯浮绿乳，孤灶散余烟。"这"孤灶"云云，似乎有不食人间烟火的意味。不应该在室内，而属山野之间的石灶。作炼丹之用，亦无不可。

我认为"香烹丹灶茶"并非可有可无的闲笔，用以说明女贞观的地位，用以说明潘姓尼姑和陈妙常都出自名门而且有较高文化修养，有其必要性。

三、《手　谈》

《手谈》为《玉簪记》第十出，语出《世说新语》之《巧艺》："王中郎以围棋是坐隐，支公以围棋为手谈。"这一出写张于湖与陈妙常对弈，故称“手谈”。一开始，有以下白口：

> 旦　看棋枰过来，我与王相公下棋，一面看茶来吃。
>
> 净　是。（掇卓，笑科）你两个不要不分皂白。
>
> 旦　咄！快去看茶！相公请先。
>
> 外　学生僭了。

他们下棋时都品茶，这是因为下围棋与品茶都属于斯文幽雅的休闲活动，所营造的气氛也都是清静。所以《经锄堂杂记》说：“松声、涧声、禽声、夜虫声、鹤声、琴声、棋声、落子声、雨滴阶声、雪洒窗声、煎茶声，皆声之玉清者。”此处“棋声、落子声”都是指的下围棋的活动也。

张于湖与陈妙常下了二局之后，香公又上茶了：

> 净　江心烹玉液，山顶采云衣。茶在此间。

有些传奇作品，茶馆里的小二上场时念：“扬子江中水，蒙顶山上茶。”此处“玉液”也是指的好水。

那么，“云衣”是否指茶叶呢？按理说，应该毫无疑问。但是，“云衣”二字不见于任何古籍，有关茶事的任何古籍中未出现过“云衣”字样。

当然，茶和云的关系十分密切，首先茶在云雾迷濛的山区生长的很多，庐山、天台山等处均以产云雾茶而闻名。细加剖析，“云”与茶的关系有四种情况：

例如云雾茶，系因产茶之山岭大多较高而处于云雾之中，所以杜牧《春日茶山病不饮酒，因呈宾客》以“山秀白云腻，溪光红粉鲜”写茶山风光。另一首《题茶山》有“等级云峰峻，宽平洞府开”之句，都点明茶山往往浸沉在白云之中。古诗文曾一再出现“云芽”，均系指春茶嫩叶。此其一。

品茶之时，茶汤温度较高，往往因茶水交融而呈现某种特定的形态或现象，古代也有专门的名词。例如罗隐《谢惠茶》“龟背起纹轻炙出，云头翻液乍烹时”之“云头”，如蔡襄《茶录》“茶少汤多则云脚散，汤少茶多则乳面聚”之“云脚”。清代汪士慎《顾渚新茶》：“一自梅残懒见人，但从茗事度芳辰。松声响泻寒岩雪，云脚香留顾渚春。”也写到了“云脚”。此其二。

宋梅尧臣《刘成伯遗建州小片的乳茶十枚，因以为谢》“玉斧裁云片，形如阿井胶。春溪来新色，寒箨见重包”的“云片”又是另一种。因为龙团凤饼不可能一次用完，使之分开仍要注意美观，所以用“玉斧”裁之。在这里，“云片”是指整齐匀称，用法如云片糕基本近似。此其三。

又有皮日休《青棂子》“味似云腴美，形如玉脑圆”，苏东坡诗“建溪新饼截云腴”，黄庭坚诗“我家江南摘云腴”等，腴指美味，谓茶乃来自云中的美味也。此其四。

历代有关茶事文献，未出现“云衣”之说。我怀疑高濂因杭州方言说“云腴”十分接近“云衣”，因此写成“云衣”了。此一可能性不能排除。

四、《幽　情》

上出系写张于湖与陈妙常的交往，在全剧中只是插曲。《幽情》

为第十四出，写陈妙常与潘必正的爱情道路上的一个重要过程。当然，主要是潘必正试探挑逗，而陈妙常也是有心人，但她则不慌不忙地妥为应付。香公对潘必正说："陈姑煮茗焚香，特请相公清话片时，望乞不拒。"所以也可以说是陈妙常十分主动。

继志斋本《玉簪记》用《茶叙芳心》四字标目，可见茶事在剧中的分量不轻。高濂在这一出戏中，更多地展示了他对茶艺的深入研究。

（小旦道姑捧茶上）才烹蟹眼，又煮云头。琥珀浮香，清风数瓯。相公请茶。

唐代陆羽《茶经》已有"其沸如鱼目，微有声，为一沸"之说，皮日休诗谓"时见蟹目溅"。宋代苏东坡《贡院试茶》："蟹眼已过鱼眼生，飕飕欲作松风鸣。"从此，"蟹眼"大为流行。这是说水初煮将沸时冒的小气泡，接着就冒大气泡了。原来是简单的一种比拟，但是将近一千年以来，误解的人不少。

宋徽宗赵佶《大观茶论》："水以清轻甘洁为美，用汤以鱼目、蟹眼连络进跃为度。"为最简明扼要的论述，当水的温度使水面相继呈现鱼目、蟹眼或大或小的气泡时，他认为是最适当的温度。

张源《茶录》："如虾眼、蟹眼、鱼目、连珠，皆为萌汤。直至涌沸，如腾波鼓浪，水汽全消，方是纯熟。"他主张把水煮到沸点才好。应该说张源对汤的温度的观察比前人有重大的发展。因为这仅仅是凭视觉的观察，他觉得还有用听觉的方法，所以说："如初声、转声、振声、骇声，皆为萌汤。直至无声，方是纯熟。"凡此种种均可以充分证明"蟹眼"绝对不是茶叶的品种也。

但是，古人误以为“蟹眼”为茶之一种者不乏其人，如宋代之杨伯嵒，所著《臆乘·茶名》谓：“茶之所产，六经载之详矣。独异类美之名未备……若蟾背、虾须、鹊舌、蟹眼……”如果信以为真，就随之进入误区了。

“云头”也不是茶名，上面已经谈过。

所谓“琥珀浮香”，也仍旧是宋代茶艺的情景。“琥珀”指茶的色泽接近蜡黄或红褐。在古籍中也有引证，如陆羽《茶经》之五《茶之煮》：“其色缃也，其馨也，其味甘，槚也。”所谓“缃”，系浅黄色，“缃帙”乃浅黄色的书衣，缃素乃浅黄色的绢帛。大概茶汤的色泽如果不是琥珀色，香味也随之而变异了。

《广雅》：“欲煮茗饮，先炙令赤色，捣末，置瓷器中。”赤色也就是红褐色了。

“清风数瓯”的“瓯”乃是饮茶之碗或杯，应为陶器或瓷器。陆羽《茶经》引晋代《荈赋》“器择陶拣，出自东瓯”原文之后，又下了“瓯，越州也，瓯越上”的结论，认为当时越州（今绍兴一带）的瓷碗、瓷杯属第一流。由此可见，“瓯”有广、狭二义也。

宋代梅尧臣《建溪新茗》：“粟粒浮瓯起，龙文御饼加。过兹安得此，顾渚不须夸。”金代元好问《茗饮》：“一瓯春露香能永，万里清风意已便。”他们二人所说的“瓯”是泛指瓷碗、瓷杯，抑越州窑所产，我们就不得而知了。但是宋代陆游的《幽居初夏》“叹息老来交旧尽，睡来谁共午瓯茶”的“瓯”是指越州窑的产品无疑，因为陆游是绍兴人，而且此诗是他晚年在故乡所写也。

高濂是杭州人，杭州与越州相距不远，而且高濂又是对茶具非常考究的人，因此，他笔下的“瓯”也非一般的茶碗、茶杯，而是指越州窑的产品。

还有此处的“清风数瓯”也很可能受了元好问的影响，因为元好问的《茗饮》早就把瓯和清风联系起来吟咏了。

剧中陈妙常所唱［二郎神］曲：“竹坞烟消阳羡春，分瓷钵可消烦紊。”竹坞，很可能是炊茶的所在。汤显祖有《四月八日永安禅院期超天二首》：“清朝不见小弥天，竹坞炊茶过午烟。”也在竹坞炊茶，是一种巧合。阳羡春者，春天采摘的阳羡名茶也。阳羡是古地名，即宜兴，也称义兴，属常州府。陆羽《茶经》已将宜兴列为主要产地之一。明代钱椿年《茶谱》列举了“剑州有蒙顶石花”等以及“常之阳羡、婺之举岩、丫山之阳坡”等多处茶叶出产地。中药名家李时珍也认为“常州之阳羡”是出产名茶的地区之一。

陆游曾有咏茶之诗，歌唱“顾渚春”，而高濂笔下则是“阳羡春”，关键在于对湖州长兴所产之顾渚茶与常州宜兴所产阳羡茶之评价有所不同。宋代沈括《梦溪笔谈》说：“古人论茶，惟言阳羡、顾渚、天柱、蒙顶之类，都未言建溪。”又有明代熊明遇《罗岕茶疏》：“歌曰：瑞草魁标，幽芳瑯玕，质琼叶浆，名为罗岕。问其乡，阳羡之阳。”沈括和熊明遇都是特别推崇阳羡茶的人，高濂看来也对阳羡茶有很高评价，和沈括、熊明遇的评价相近。

也有人认为古人所谈顾渚茶，产地在长兴，与宜兴毗邻，很可能也把阳羡茶包括进来了，这一说也有一定的道理。现在的情况，长兴、宜兴两地都不仅产茶，而且都以产紫砂壶而著称，茶叶的质量与产量长兴均较宜兴占优势，茶壶的质量与产量则宜兴遥遥领先。

五、《合　庆》

《合庆》乃《玉簪记》第三十三出，写的是潘、陈两家大团圆的场面。“外”所唱［二犯朝天子］结尾处为：

有几多爱她。梁园词赋堪夸，况竹炉味佳。

明代万历刊本原来有评语，认为［二犯朝天子］“咏雪极佳”。既然春天下雪，天气当然很冷。因此有人认为“竹炉”乃是一种竹制的取暖器，并引杜甫《观李固请司马第山水图》诗“匡床竹火炉”为证。对此，我表示一定程度的怀疑。因为烘竹火炉，只能感到温暖，决不会感到“味佳”。再看高濂《遵生八笺》的《仗馔服食笺上·茶泉类》，作者列举贮存茶之器具凡七种，有四种都是以竹为原料制成，第一种为“苦节君”，附注云：“煮茶竹炉，用以煎茶……”我想春雨天寒之际，老人欲热茶御寒，十分可能。也只有这种情况，老人才可能感到“味佳”。

六、结　语

《玉簪记》是在舞台上广泛流行的古典剧目。作者高濂身处明代嘉靖、隆庆、万历之间，品茶的方式方法已经和宋代完全不同，但他对中国茶事甚有研究，因此对这一宋代故事中的茶艺、茶事完全依照宋代的风尚来写，应该说是很认真的，也是费了苦心的。我认为对现在推出《玉簪记》的改编者、导演、演员来说，也有必要探讨一番剧中有关茶事、茶艺的唱词、说白，才能演得更符合历史真实。

《牡丹亭》反映的品茶风尚

一、问题的提出

《牡丹亭》是明代剧作家汤显祖的力作，在剧坛始终享有盛誉。国内外戏剧理论家曾对之进行诸多方面的研究，硕果累累。这一点首先应该肯定，毋庸置疑。

当然，对于这样一部名剧，有些方面的研究还有待开掘，某些问题虽然早已提出，但也较长时期停留在表层而未能深入下去。摆在我们面前的任务是很不轻的。

我早在1998年在《戏剧艺术》第四期发表了《戏曲与茶文化的互动作用》一文，限于篇幅，具体古典剧目，仅较多地谈了《苏小卿月夜贩茶船》以及同一题材的南戏与元杂剧。现在，我就《牡丹亭》与茶文化的关系略作探索。

二、杜宝府中品茶成风

第三出《训女》，南安太守杜宝与夫人为教育闺女杜丽娘一事在细细商量，他俩的意见取得了一致。希望女儿在刺绣余暇，多读点书。女儿“知书知礼”，嫁出去之后，“父母光辉”。

此时此刻，杜丽娘唱道：

……刚打的秋千画图，闲榻着鸳鸯绣谱。从今后茶余饭饱破工夫，玉镜台前插架书。

前两句似乎是杜丽娘原来闺房生活的写照。“从今后”则要把“茶余饭饱”多出来的时间放到读书上来了。在这里杜丽娘不是在叙说一位成年男子或她的父亲杜宝，而是叙说她自己，一位太守的闺阁千金。把“茶”与“饭”相提并论了。我认为这确实说明书香官宦之家，闺阁千金确实饮茶成风。

至于后来，杜宝叮嘱夫人，为丽娘聘请教书先生的话，一定要“好生管待”。这句话固然比较抽象而欠具体，但接着就唱了［尾声］：

说与你夫人爱女休禽犊，馆明师茶饭须清楚。

也就是说，对于即将请来的教书先生，在“茶”与“饭”两方面也都要注意，马虎不得。

这一细节，在第七出《闺塾》（也称《春香闹学》）中有所呼应。请来的那位教书先生陈最良上场时就念：“吟余改抹前春句，饭后寻思午晌茶。”说明杜府对陈最良的接待的确是按照太守关照那样，在“茶”与“饭”两方面都供应无缺。

最有趣的是［绕池游］最后春香所唱的三句：

《昔氏贤文》，把人禁杀。恁时节则教鹦哥唤茶。

我们知道，无论是杜丽娘品茶，还是塾师陈最良饮茶，负责送茶上茶的都是丫头春香。因此这茶水的供应也成了春香主要劳动内容之一。

“教鹦哥唤茶”则成了春香闹学的手段之一。按照春香的思路，如果教材是宣扬封建礼教的《昔氏贤文》，那么就“教鹦哥唤茶”，从中捣乱。所谓“鹦鹉学舌”，是说鹦鹉很容易把经常听到的话按原样照搬，说出来。而深宫中的宫女或失宠的嫔妃之所以“鹦鹉前头不敢言”，也是怕鹦鹉把她们哀怨的语言原样照搬，说出来。那么，事情就闹大，甚至招致杀身之祸都有可能。

可以认为“鹦哥唤茶”的计谋只有在特定的生活环境中才能实现，也就是说，当这个家庭以“品茶”为日常生活的必不可少的内容时，才有可能“教鹦哥唤茶”。如果这个家庭只是偶尔品茶，很难“教鹦鹉唤茶”，即使花了莫大工夫，把鹦鹉调教成功了，“鹦鹉唤茶”也显得很不自然，不符合生活真实与艺术真实。

《寻梦》时，杜丽娘因对“美妙幽香不可言”的梦境难以忘怀，因此“睡起无滋味，茶饭怎生咽”，对任何事情都提不起兴趣来。那么是不是茶饭太粗劣，或制作不精良，使杜丽娘无法下咽呢？剧中也有所交代：

[贴捧茶食上] 香饭盛米鹦鹉粒，清茶擎出鹧鸪斑。

小姐，早膳哩。

[旦] 咱有甚心情也？

首先，剧中情节对明代南方某些地区的饮食习俗提供了一个具有文献价值的例证。就像杜丽娘这样一位花季少女，她在“早膳”时，不仅仅用“香饭”，同时也用“清茶”。在“早膳”时用的“清茶”，当然就也很接近数百年来福建、广东、广西诸省以及港、澳同胞乃至海外侨胞所谓的“早茶”了。

在这一天，杜丽娘心上只有那一个使她忘怀不了的梦，因此，没有心情进餐品茶。但是，在平时，她肯定是依照如此的饮食安排而生活的，天天都品“早茶”的。

“香饭盛米鹦鹉粒，清茶擎出鹧鸪斑”则是说明杜宝府中，不是食用一般的稻米，不是饮用一般的茶水，都是上规格的著名特产也。

必须说明的是：有人将“鹧鸪斑”作为茶具解释了。例如王起（王季思）主编《中国戏曲选》(中册708页)：“鹧鸪斑——茶碗名，上面有鹧鸪斑点的花纹。”我虽然并不排除其可能性，但觉得可能性不大。

因为“鹧鸪斑”也见于其他古籍。例如《名香谱》：“鹧鸪斑香、思劳香出日南，如乳香。”则十分明确，是一种香料，在《寻梦》中，应作为具有鹧鸪斑香味的一种名茶解。此种香料出产地为“日南”，其具体位置在今日越南之中部。果为茶具，则应出于哥窑、汝窑、成窑等窑，乃至景德镇矣！又陆游有诗曰：“棐几砚涵鸜鹆眼，古奁香斫鹧鸪斑。”在这里，“鹧鸪斑”也不能作茶具解，而是说古趣盎然的家具散发出鹧鸪斑香的香气也。

我认为“鹧鸪斑”是一种珍稀名茶，另有相当可靠的依据：1982年我在海南岛万宁县东山岭，亲口品尝了当地产量极少的鹧鸪茶，果有一种扑鼻异香。民间传说种子乃鹧鸪从暹罗（今泰国）无意间带来，则都证明了“鹧鸪斑”香味的茶与径称为鹧鸪茶都渊源于南海海外。我认为汤显祖出任徐闻典史前后，到了许多古代文人足迹罕至的地方，接触到了闻所未闻、见所未见的事物，不知不觉之间，写进了《牡丹亭》这部传奇中了。

至于杜宝府第中之所以如此重视茶的供应，成为全家生活中不可缺少的一个项目，应该是汤显祖本人家庭生活以及南方官宦之家庭生活的忠实反映。

原收于汤氏《红泉逸草》之《张郡丞枉过就别》，应为年方弱冠时之作。诗云：

云花布空碧，风色动春津。
茶铄依轩竹，琴床玩沼苹。
留连三语契，感发《四愁》人。
是夕虚檐月，重令桂树新。

张郡丞当为隆庆年间（1567—1572）第二任抚州府同知太仓人张振之。在抚州府职位仅次于知府的同知会不会来拜访二十岁刚出头的汤显祖呢？因为汤正是隆庆四年（1570）中的乡举，而且张振之早就以季札之才评价汤氏，所以这次拜访、告别很入情入理。年纪轻轻的汤显祖此时就以品茶为休闲生活的主要内容，就茶艺而言，可以说属于早熟者。他们当时的品茶，所选择的自然环境比较优美。地点就在汤氏自家庭园之中。

所谓“茶铄”，原是历代治茶者罕用的鼎、鬲一类茶具。吴淑《茶赋》：“待枪旗而探摘，对鼎铄以吹嘘。”《茶经》：“若松间石上可坐，则具列废。用槁薪。鼎铄之属，则风炉、灰承、炭挝、火筴、交床等废。”是少数仅见的记载。唐、宋、元、明以来，文人雅士用者殊少，可见汤显祖早在青年时代养成了爱品茶的习惯，也考究用茶接待贵客的礼节。而且，他对古代有关茶的著作、文献以及有关诗文都已非常熟悉了。否则的话，他不可能称此茶具为茶铓而不称茶鼎的。

汤显祖在南京为官的七八年之间，写了不少与茶有关的诗歌，较著名的有《送詹东图，詹工书画，署中有醉茶轩作》：

新安江水峻沦漪，白岳如君亦自奇。
河朔风尘为客早，江东云物向人迟。
淋漓墨妙衔杯日，盘薄春光啜茗时。
千卷贮书那不畏，深心只遣鬓毛知。

詹东图当时也在南京为官，是个沉迷于书画的名士。以“醉茶”二字名轩，可见其爱茶之深。而且他的书画创作也都离不开茶在情趣方面的帮助与激发，看来茶具也颇为考究。新安江流域的建德、淳安都以产茶称著，当然新安江水也与名茶相互辉映成趣。这位詹东图在南京醉茶轩中固然不可能再从迢远的新安江取水，但此人的故乡在新安江一带看来不会有问题，他的爱茶之深，也和新安江的地理环境有密切的关系。

为官南京时，还有《送徐敬舆浮梁暂归兰溪省亲》：

舟经浦口齐云宿，县到池滩绕月行。
不用兰川将酒去，玉瓯清茗会人清。

汤显祖为其江西老乡送行，不用酒而用茶，认为品茶是一种清幽的境界，而且即使多喝，也不会使人糊涂癫狂，思绪只会更清醒。

在历经险恶的宦途风波之后，汤显祖于万历二十一年（1593）总算从徐闻典史调升为浙江遂昌知县。遂昌是一个十分贫瘠的山城，汤显祖却治理得井井有条。虽然交通不便，来探望他的亲友却不少，也留下了一些唱和之作。《和叶可权草堂四咏》之一的《竹屿烹茶》便是他公余品茶的写照：

君子山前放午衙，湿烟青竹弄云霞。
烧将玉井峰前水，来试桃溪雨后茶。

第一句点明品茶的规定情景，因为他秉公施政，诉讼等纠纷也很少，因此才有可能定下心来品茶。水是玉井峰的泉水，茶叶则是谷雨稍后从桃溪采来的新茶。而品茶的具体地点则在“竹屿”，一个长满竹林四面环水的小岛上。环境的清幽几乎可以比美世外桃源。如此品茶，可以说具备了一切最理想的条件，当然是一种美好的生活享受。

晚年弃官，在家乡临川闲居，生活更为散漫自适，诗歌涉及品茶的就更多了。《寄蔡参知江阴，参知先公长宪于越，而余于南署时有目成之契》：

衙参晓散江沉月，翰墨晴飞海上霞。
乘兴就君拼一醉，慧泉新火画溪茶。

此时看来写的是回忆中的南都旧事。当年南都詹东图有醉茶轩之建筑，以为品茶之所在。无独有偶，汤显祖在品茶这一赏心乐事时，也用了“拼一醉”的提法，可见汤显祖对茶的爱好亦不亚于詹东图也。此诗“慧泉”可能为“惠泉”之误，或许指杭州虎跑之泉。虎跑之泉清冽可口，在定慧寺左近也。

有一次，汤显祖与飘泊在江西的江阴人李至清相约到东城永安禅院品茶，有《四月八日永安禅院期超无二首》，其第一首为：

清朝不见小弥天，竹坞炊茶过年烟。
解是雨花新浴佛，诸天谁供洗衣钱。

四月八日是佛教徒众们的浴佛节，寺院里自有一番盛况。但汤显祖约李至清到永安禅院去却不是赶热闹，而是借寺院中僻静的一角一起品茶聊天。他去遂昌做知县时，在竹屿接待来客，饷以佳茗。现在又选中了竹坞这块宝地，可见他对品茗环境的重视。当时李至清是僧是俗，还难肯定。超无，很像是僧人的法号。稍后，又有《对纪公口号四首》，有可能写的是回忆中的旧事，或者某些遐想，因为香炉峰、东林寺都在庐山，但作者又声明：“长说东林去未能。”其第二首为：

清纪清吟饭后茶，超无无恙酒前花。
一般茶酒都销得，柳树池头旧作家。

言外之意，茶不一定要名茶，酒也不一定要名酒，但是品茶、饮酒的环境倒反而更为重要一些，马虎不得。像“柳树池头”这样，既有垂柳，又在池塘边上，有池上粼粼清波可同时欣赏，就可以了。

汤显祖晚年家居时，还得到过一次令他特别欣慰的馈赠，事见《建安王驰贶蔷薇露天池茗却谢四首》。建安王就封于明代建安，其地区范围以今建瓯市为中心。宋徽宗赵佶所著《大观茶论》所推崇之北苑茶即产于此。故称建茶或建安茶。建瓯与临川相距数百里之遥，这位建安王仰慕汤显祖之才华，知道他精于品茶，乃以此相赠。汤作诗答谢之。第四首如下：

天池十月应霜华，玉茗生烟吐石花。
便作王侯何所慕，吾家真有建安茶。

汤显祖一向不受权贵馈赠，清高自守，但接受了建安王馈赠的北苑茶。当然他很愿品尝此种茶中精品，同时很可能建安王为人尚无大疵，馈赠也是无条件的，并非以此作交易。汤觉得“吾家真有建安茶”是一种难得的生活享受，甚至比王侯的富贵还要难得，可见他的喜悦、兴奋之情已到了简直难以言喻的程度。

值得注意的是此诗稍不注意即易误读，因为莫干山顶有天池，既是名胜，也是名茶产地，而莫干山曾隶属建德县，所以不能将建安茶作建德茶解也。此处“玉茗”似可兼作建安茶之美称，或作玉茗堂中品尝之意，均无不可。据四首诗之内容解析，建安王所赠之茶应为秋天所采摘。

丁右武即丁此吕，江西新建人。是汤显祖生平最知心之友人，曾任御史等官，刚正自持，为权贵所切齿痛恨者。汤显祖在《论辅臣科臣疏》中，即为丁此吕仗义执言。汤之诗文与丁此吕有关者甚多。晚年有《右武送西山茗饮》：

春山云雾剪新芽，活水旋炊绀碧花。
不似刘郎因病酒，菊差才换六班茶。

据《汤显祖全集》，丁此吕送汤礼品，这是第二次。第一次是丁此吕在边塞时送了些当地的特产。这次丁此吕也罢官赋闲在家，西山新茶刚采下来。知道汤对此情有独钟，就送来了。果然，汤就立刻烧水泡之。“绀碧花”三字在茶之色、香、味三方面突出了色的既绿且嫩。

中国古代名茶品种原无六班茶之说，《景德传灯录》谓“提多迦尊者火光三昧自焚，弥遮迦与八千比丘同收舍利于班茶山中，起塔供养”。因此，六班茶应为佛家之茶道，源流于印度一带，汉代或稍后，中国遂有此说。唐代诗人刘禹锡大醉难以彻底清醒，“乃馈菊苗、虀、芦菔、鲊”，换取白居易的六班茶，“以醒酒”。事见《云仙别录》。汤显祖借用了这一典故。但是，半开玩笑地声明，这是丁此吕自己主动送上门的，他并没有把什么精美的食物去向丁此吕作交换。

此外，还有《招青林寺僧》：

到处青林是作家，不萌枝上又开花。
明朝得问文殊病，打碎玻璃浪吃茶。

可见他有时也找青林寺的僧人来一起品茶。《即事送钱晋明游西粤归长兴》：

玉茗离觞又一年，越江初过雨茶烟。
亦知天绘亭中月，长照溪头罨画船。

钱晋明也是爱品茶的文人，而他的故乡长兴又是顾渚茶的产地，所以汤显祖设想，钱晋明回故乡之后，一定又是在溪山如画的美妙景色中品茶休闲了。

常熟人钱希言，号简栖，一生清贫，科场失意，始终是一个白丁。汤显祖不以官职高低衡量人物，对钱评价颇高。钱曾到临川游学，赋归时，汤显祖作《送钱简栖还吴二首》。其第二首为：

字吐寒云剑吐花，虬盘香地虎丘茶。
一秋高阁逢高士，斜踏长桥看落霞。

此诗认为钱希言是一位高士，对他回到故乡之后的闲散生活作了诗情画意的描绘，也是对钱希言的安慰。汤认为无论钱希言在故乡常熟，或离常熟不远的文人较集中的苏州府治吴县，肯定都会“琴棋书画诗酒花”之余，品尝品尝虎丘山所出产的佳茗的。那时碧螺春之名尚未出现也。

以上说明《牡丹亭》之所以有较多的茶文化含蕴绝非偶然，汤显祖本人爱茶，他的交游朋辈之中爱茶者亦不乏其人，因此就在有意无意之间时有流露。还有一点，汤显祖之爱茶，在亲友间是出名的。所以冯梦祯的精于此道，汤显祖极为称许，有《题饮茶录》一文：

陶学士谓汤者茶之司命，此言最得三昧。冯祭酒精于茶政，手自料涤，然后饮客。

客有笑者，余戏解之云：此正如美人，又如古法书名画，度可着俗汉手否？

此文虽短，也是“最得三昧”的至理名言。看来，汤显祖对“茶政”的造诣决不亚于冯梦祯。后陆廷灿编《续茶经》，也将《题饮茶录》一文收进了。

汤显祖从爱茶到对“茶政”有较深造诣，也有一个生活环境的问题。故乡江西临川宋代以来就以茶称著。爱茶成癖的南宋大诗人陆游曾在临川供职，有一诗，曰《前坪寺戏书触目》：“稻秧正青白鹭下，桑椹烂紫黄鹂鸣。村墟买茶已成市，地溥打麦惟闻声。”生动地反映了当时临川集市上主要的商品为茶叶。临川民间还流行一种擂茶，可不是士大夫的休闲品茶，而是以医疗疾病为目的。

原来南宋时，临川一带流行一种瘟疫，用茶叶、生姜、糯米捣碎，加入少许盐，冲成浆汤，俗称擂茶，饮之即能痊愈。这也进一步扩大了茶在民间的流行。这些情况对汤家的祖祖辈辈，对汤显祖本人当然都会有所影响。

三、《劝农》与种茶、采茶

对茶来说，不仅是品尝，还有种植、采集等一系列的劳动操作。《牡丹亭》的《劝农》对之有所反映：

（老旦、丑持筐采茶上）乘谷雨，采新茶，一旗半枪金缕芽。呀！甚么官员在此？学士雪炊他，书生困想他，竹烟新瓦。（外）歌的好！说与他：不是邮亭学士，不是阳羡书生，是本府太爷劝农。看你妇女们采桑采茶，胜如采花，有诗为证：只因天上少茶星，地下先开百草精。闲煞女郎贪斗草，风光不似斗茶清。领了酒，插花去。（净、丑插花饮酒介）(合）官里醉流

霞，风前笑插花，采茶人俊煞。（下）

谷雨时节采的茶一般都称之雨前，比清明时节所采的明前茶，欠嫩一些，但味则较厚。一旗者，仅有一张嫩叶已经张开如旗，而另一叶片刚萌芽尚未舒展，紧密地卷着，其形如枪。旗枪之名，即由此而来。采茶者均为女性，少女、少妇、老妇均有。其工具仅盛器竹筐也。她们的《采茶歌》什么都唱，内容是够多样的。这里唱的是民间传说，也可以说是戏曲里流传较广的故事，虽然没有道出姓名，邮亭学士应指《事文类聚》所提到的陶谷，阳羡书生可许指《续齐谐记》所写的许彦。

所谓劝农，顾名思义，就是动员农民积极投入耕作的一种由来已久的成规，一般就由各级地方行政官员每年举行一两次活动。

唐宋时，朝廷也曾设置过专职的劝农官。春夏秋冬，各有性质不同的农业劳动，但按春生、夏熟、秋收、冬藏这一总的原则，的确，一年之计在于春，所以“劝农”基本上在春天举行。如果逢到风调雨顺的好天时，地方官也能体恤民情的话，“劝农”的活动往往也能搞得生动活泼，载歌载舞，成为一幅美妙的风景画或风俗画。苏轼《鸦种麦行》：“农夫罗拜鸦飞起，劝农使者来行水。”这是诗歌对“劝农”的如实描绘。

由于中国幅员广阔，各地区季候、时序、土壤均不完全相同，田间作物自然也各有不同。中国古代农田，在数千年之间，都以稻麦等粮食作物为主。《牡丹亭》的《劝农》规定情景为南安府，当然是虚构的，但确实以浙江南部或福建北部一带为参照，所以描写的是农家妇女的采桑和采茶，出现了其乐陶陶的官民相处颇为融洽的场面。

如此以采桑、采茶为主写劝农，剧本中固然是写南安府，实际上反映了汤显祖故乡临川的农业生产情况，或者说反映了汤显祖任知县的遂昌的农业生产情况，因为在这两个县份，茶的生产都占到一定的比重。官民如此融洽，应该是汤显祖本人在遂昌知县任上的如实反映。他在任上“灭虎”、“纵囚”等事迹，深受子民拥戴，成为佳话，四五百年来流传不衰。

汤显祖的《劝农》写得如诗如画，也为我们保存了明代末年的《采茶歌》一些片段。《牡丹亭》问世以后，《劝农》就成了观众爱看爱听的单出，因此，除《纳书楹曲谱》是收《牡丹亭》全剧之外，这一单出也被《缀白裘》、《审音鉴古录》、《集成曲谱》诸书选录了。

话说回来，在写作《牡丹亭》之前，或写作《牡丹亭》的同时，汤显祖已经在以诗歌的形式题咏种茶、采茶了。较著名的作品有万历二十五年（1597）的《雁山种茶人多阮姓，偶书所见》：

一雨雁山茶，天台旧阮家。暮云迟客子，秋色见桃花。
壁绣莓苔直，溪香草树斜。凤箫谁得见，空此驻云霞。

他在遂昌知县任上，去游雁荡山。看到茶农仍在忙于田间的劳动，引起了他的注意，有所询问，这才得知种茶人多阮姓。

游了雁荡山最著名的飞瀑——大龙湫之后，汤显祖竟在山中迷路了。山深林密，除了采茶女之外，再无其他人可问。《雁山迷路》：

借问采茶女，烟霞路几重。屏山遮不断，前面剪刀峰。

此诗虽然没有用“如花”形容采茶女的年青美貌，也没有再提采茶女是否姓阮。我认为可以根据前一首和后一首诗歌作如此推理。

第二年，他从北京上计归，取道龙游回遂昌，写了《题溪口店寄劳生希召龙游二首》，其第一首为：

谷雨将春去，茶烟满眼来。如花女溪口，半是采茶回。

他感觉到谷雨之后，新茶不久将要上市了。“茶烟满眼来”，无非表达一个嗜茶非凡的人预感的乐趣。他饮茶也要思源，没有忘记茶农的辛勤劳动。妙的是他不去直接写劳动了，而是笔锋一转，点出了立在溪口的采茶而归的少女的美丽。美丽到什么地步呢？他只用了两个字：“如花”。

但在晚年家居时，他可能情绪很不好，可能感到《劝农》以及以上这两首诗歌，对采茶写得太美而有些片面，又有了一首《看采茶人别》：

粉楼西望泪行斜，畏见江船动落霞。
四月湘中作茶饮，庭前相忆石楠花。
就流露出较多的伤感与惆怅了。

汤显祖在诗歌中既然一而再地题咏种茶、采茶，在《劝农》中，将采桑、采花并列为主要内容，那就并非偶然，而是有其必然的缘由。

四、结束语

中国历代剧作家对茶事颇感兴趣者不少，但大都以品茶为主，在杂剧、传奇中对茶事的描写、穿插也以品茶为主，汤显祖对茶事的兴趣，对茶艺的研究，涉及品茶、种茶、采茶的各方面，在不同程度上都反映到《牡丹亭》中。可以说《牡丹亭》在中国古典名剧中，茶文化的含蕴最为丰富。单从茶文化的角度来说，《牡丹亭》也值得在这方面作深入的探索。

最后附带说明两点：

汤显祖万历二十六年（1598）有《平昌哭两岁儿吕二绝》，序中说："吕儿秀慧甚。痘殇前，呼爹与点茶，云已是客。"原可作为汤府茶事之盛作证。但我认为汤因爱女早殇，下笔时也许有夸张之处，故未采用，附此备考。因为"点茶"在程序上相当复杂，而且到了明代，品茶的方式也有了改变，主要是冲泡，不流行点茶了。或曰汤显祖既然精于茶事茶艺，何为《紫钗记》、《邯郸记》、《南柯记》三剧中均少茶文化之含蕴。这个问题很容易回答，此三剧故事背景不同，或较多地写到长安、邯郸、陇西等地，北方与西北边陲，士大夫辈对品茶的兴趣远不如南方，北方也不产名茶，当然就不写或少写了。边疆有与少数民族的茶马贸易，汤显祖有诗歌题咏，却没有再写进剧本之中。

茶文化漫谈

当代文人与茶

——《文人品茗录》序

现在，颇具西方生活情趣的衡山路上也开起了高档的茶馆，仙霞路一带外国侨民居住比较集中的地方，喝下午茶的风气也在悄悄兴起，这一切，我们在20世纪五六十年代是无法想象的。

是啊！随着人民群众经济生活、文化生活的提高和充实，无论家居或集会，“吃茶”正在从解渴的作用而逐渐转变成为休闲的一种享受，从中，感受悠然自得的乐趣。正因为不是匆匆忙忙的大杯大碗的牛饮，所以这种“吃茶”事实上是浸沉在艺术氛围中的仔仔细细的品尝，所以也称为“品茶”。英国人的喝下午茶，也十分接近“品茶”的境界，不过，他们所品尝的茶的品种不像我们这样复杂罢了。

我们浏览了“五四”以来包括鲁迅先生在内的许多作家谈“吃茶”的文章，不禁感慨万千。他们“吃茶”的感受各不相同，有的也和我们现在“吃茶”有着近似的乐趣，但是，毕竟那个时代战乱频仍，要定下心来“品茶”是不可能的。再说，当时作家的生活很艰苦，大部分温饱都成问题，鲁迅先生用的茶叶相当一般化，老舍抗战时低档的茶叶也买不起，所以打算戒茶，知名作家尚且如此，其他的作家则要更清苦些。

话说回来，作家毕竟对生活最敏感，所以谈“吃茶”的感受也最生动，再说他们古今中外的书读得多些，国内外也跑过许多地方，所以他们谈“吃茶”的文章内容也特别丰富，有的还介绍了各地茶馆的详细情况，例如缪崇群《茶馆》对抗战之前南京的茶馆作了详细的描绘，汪曾祺《泡茶馆》反映了抗战时期昆明的西南联大四周的茶馆概况，并认为西南联大出了许多作家，和这些茶馆不无关系，虽然有调侃的成分在内，也是有一定道理的。亦然的《苏州的茶馆》文章稍稍长些，但为近百年苏州茶馆作全景的记录也就难能可贵了。

中青年作家之中，居然爱好“吃茶”、“品茶”的大有人在，例如秦文玉《绿雪》，就是一篇深得茶趣的美文。作者对茶已经有了难以言喻的深厚感情，而且用了特有的委婉笔法、清新格调、细腻感受表达出来，阅读此文就如品尝佳茗，同样达到逸兴遄飞的境界。

我们花了很长时间，搜集到了鲁迅、林语堂、郁达夫、苏雪林、冰心、姚雪垠、秦牧、黄裳、汪曾祺、叶文玲、贾平凹、王旭烽等70多位作家谈吃茶的文章，内心是十分愉悦的，因为有的文章的确是千方百计寻觅来的，而且许多类乎选集的书中都遗漏了。当然，近百年来报纸、杂志浩如烟海，我们的工作不可能做得很周详，遗漏若干佳作仍是难免的。

有部分作品，我们初次集稿是选进的，后来因为内容上以谈烟谈酒为主，只有一两句谈茶，所以就割爱了。还有极少数文章，笔法过于迂回曲折，似乎效法鲁迅杂文却又徒有形式而缺少实质性的内涵，读起来非常吃力，青年读者读起来想必更吃力，所以也没有选录。

这些作者不论已故或健在，绝大多数是作家。也有十多位作者主要是茶文化研究者，书名就叫《文人品茗录》了。对文学界来说，对茶业界来说，这本书都是前所未有的尝试。我们读后，颇多感悟，已用点评形式，附录于每篇文章之后，博读者一笑耳。由于敝帚自珍的积习难改，自己的习作也收进了本书，难免鱼目混珠。错误、疏失之处请读者不吝指教，我们一定接受、改正。

与卢祺义先生谈茶文化

● 蒋老先生，有幸与您合作编著的《文人品茗录》一书去年5月出版后，在社会上引起众多好评，沪上文人吴兴人、湖州茶文化学者寇丹等还专门写了书评推介，网上的好评也不少。但我知道，这本“可以传世”的茶书从策划、立项到具体编写要求等都是您一手操办的，我只是一个帮手而已。您作为著作等身的史学大家，在86岁高龄的时候，还有兴为“茶”立说，从而创下历史上高龄老人编著茶书的新纪录，能否为我们谈谈您当时的想法和目的？

▲ 我曾经看到过几本文人品茶录的汇编，觉得很有意思，同时又感到当今有不少青年文人谈茶的文章亦不乏佳作，也收录进来，那就更好。否则会给人以错觉，认为品茶这一件事，仅仅是鲁迅、林语堂等老一辈文人的爱好，中青年文人都是喝咖啡、可乐一类饮料的，事实上并非如此。

再说，每一位文人的品茶经历，莫不和他本人的遭遇有密切的关系，在国难当头的日子里，在一日三餐都难以维持的苦难岁月中，当然很难有品茶的心情。有的文人爱茶就是家庭从小培养的习惯。诸如此类，等等，所以有了加以点评的想法，希望起到“导读”的作用。

● 我在《文人品茗录》一书评点您的《美化心态的茶》、《茶事寻梦》等文时，已比较充分地表达了对您的敬仰之情，读者如读了这本书，也会对您一生的茶缘、茶情有所了解。但最近我在拜读您的《中国戏曲史拾遗》(百家出版社 2004 年 12 月第一版）一书时，竟又无意中发现内有《戏曲与茶文化互动》、《关汉卿〈不伏老〉“分茶”之考释》、《〈牡丹亭〉茶文化含蕴之探索》等三篇大作，其中引用史料、典故之广博，辨析、论证之条理分明，即使在当今茶学界怕也无人可媲美，而这些极具历史价值的论文均撰写于近几年。是否可以这样认为，您近些年对“茶”有着特别的偏爱，您花这么大的精力研“茶”，从中又得到了怎样的感悟和乐趣?

▲ 研究中国戏曲史是我的主题之一，我发现除任二北、徐朔方等卓有成就的大家之外，绝大部分专家、教授都是在《中原音韵》、《录鬼簿》、《青楼集》、《南词叙录》等戏曲专业书中兜圈子，新的成果较少。戏曲作品很多是反映唐、宋、元、明、清等历代的政治生活、社会生活、家庭生活的，其内容非常丰富，即如贩卖茶叶、品茶等，戏曲中也有生动的反映，所以我从这一角度出发，写了几篇论文，无非希望戏曲史的研究能出现更活泼的局面，有无作用，也还难说。

我也曾设想写一本《中国茶文学史》，因为多年来基本上以研究《西厢记》、《桃花扇》为主，所以也未能有计划地进行，如今到了 88 岁，要实现这计划，可能性不大，但再写些论文，是没有问题的。

● 记得营养学家于若木先生曾有过这样的论述（大意)：饮茶有益于提高人的智商，中国人比较智慧，得益于普遍饮茶。我拜读您的茶文或者其他文章，总不由自主地惊叹您过人的记忆力和表现力，特别是您的一些回忆文章，许多半世纪前某一事之细节的描述如在眼前。您在进入老年后还有如此过人的记忆力和表现力，是否与您一辈子饮茶有关？能谈谈您对“茶”的独特见解吗？

▲ 喜欢饮茶，和记忆力可能有一些关系，但也无法用数据或实验反映出来。

我每到一地，首先是饮茶，把自己思绪整理一下，让大脑像白纸一样来感受新事物，所以事后也不容易淡化。到出产名茶的高山幽谷是如此，到以泉水闻名的城市、乡村也如此。我到沈阳的小河沿，到宁夏的银川市，到承德的避暑山庄，那些地方虽不产茶，我住下来之后，也首先是喝茶、品茶。

我写《李世民与魏徵》、《司马迁》这两篇历史小说，都是花整整一个通宵完成的，喝了多少茶，没有统计过，但它似乎起了一种微妙的过滤作用，与小说无关的许多东西居然暂时全从脑海中消失了，我随着喝茶、品茶，全身心进入了小说的规定情景了，写起来走笔如飞。

● 现在社会上流行一些哀叹人老“不中用”的段子，如“60岁不分官大官小，70岁不分钱多钱少，80岁不分房大房小……”意思是人到了60岁以后就不再有“官本位”观念了；70岁以后即使有钱，因身体、生理等原因，也消费不了许多了；80岁以后的活动范围就在一张床周边，房子再大也没有什么意义了。但您“老而弥坚”，一直像个“老顽童”似的笔耕不止，据说仅今年一年，您就已出版和计划出版六本有史学价值的书，这简直就是一个奇迹！能否谈谈您的老年茶饮生活和日常安排？

▲ 应该说一个人的生活习惯不是一天两天形成的，我从茶中得到不少生活的乐处、益处是事实，但是，别人的情况也不一定如此，他们从别的方面也可得到生活的乐处和益处。

我现在每天清晨泡一杯绿茶，饮三开。中午再泡一杯绿茶，也饮三开。茶叶都不多，第一选择是狮峰龙井，第二选择是西湖龙井，第三选择是开化龙顶或千岛湖银针。晚饭之后，不喝茶了。

因为喝茶、品茶成了生活的一部分，如果有变动，当然影响到写作和整个健康状况。倒不一定是生理上起了作用，也许是心理作用吧。

● 您曾经多次对我说起过，您因为喜欢饮茶而“玩玩茶”，无意踏进“茶人”的圈子，但我感到您其实一直十分关注上海茶文化的现状和发展，还经常写些短小精悍的茶文为茶文化活动助兴。您作为有深厚传统文化底蕴的文化老人，能否谈谈对上海茶文化现状的看法？

▲ 在全国，乃至全世界，上海十分可能是能喝到最多品种、最多不同风格的茶的一个大都市，也是茶客最多的一个大都市。多年来的风气使然，茶文化的累积既深且厚是不争的事实。

但是，由于没有把茶文化的研究和巨大的茶叶经济内在的密切联系把握好，茶文化的研究开展得不顶理想，实际上是制约了茶叶经济的进一步发展的。

打一个不恰当的比喻，上海每年举行一次盛大的书展，书展为上海的出版业和读者搭建了互动的平台。出版社和读者受益匪浅。这一个星期的如火如荼的局面决不是几天前刊登一下广告就能形成的。出版界有《文汇读书周报》、《读者导报》等报刊一直做沟通、交流的工作。上海每年也有一次国际茶文化节，办得有声有色，但平时却缺少茶文化工作者交流心得体会的报刊，这样当然会影响上海茶叶经济的进一步繁荣，希望行政部门、商业行会能有一点远见卓识，关心、解决这一问题。

（● 卢祺义　▲ 蒋星煜）

都市茶文化的渊源与演变

中国民间把传统的生活条件概括成一句话，即“柴米油盐酱醋茶”。“柴”是指的能源，后面的六个字，均有十分具体的内容，也就是说人们的物质生活少不了“米油盐酱醋茶”。

如此立论，实际上并不精确，因为“茶”作为物质生活来说，仅仅是止渴而已。而自从唐代以来，“茶”除了一般的作为止渴的饮料之外，早已成为人们精神生活的一个方面。我们现在把广义的茶文化作为学术问题来研究，应该说是十分科学的态度。

任何一种茶，都有生产、加工、运销、消费四个环节。消费这一环节，相对地说，在都市最集中，也最多样化。诚然其他三个环节，也都有一定的文化内涵，也都有一定的文化积淀，但以消费为主的都市茶文化，内容却更显得丰富多彩。

都市茶文化可分三个不同的层面：

最大的也是最贴近日常生活的层面，都市茶文化首先属于实用型。

较小的是知识分子的层面，都市茶文化属于艺术型。

最小的茶专业学者教授的层面，都市茶文化不仅仅注重消费，兼及生产、加工、运销等，属于学术型。

实用型都市茶文化

实用型都市茶文化自宋元明清以来，都有轨迹可循。《东京梦华录》、《武林旧事》等笔记、野史以及《水浒》等小说、戏曲一类文艺作品，均有不同程度、不同角度之反映。总括言之，有四种常见形式，也就是说经常是分别通过饮食、社交、娱乐、景点四种载体呈现的。到了20世纪，大都市急遽地膨胀，都市茶文化也相应有了蓬勃的发展。

在我青少年时代，社会上还流行茶食、茶点等说法，那正好说明茶与饮食相互结合相互渗透的一种文化存在。直到现在，安徽马鞍山、当涂一带还有一种优质豆腐干，称之为茶干，那是专门供人们在品茶时作为茶点之用的。在宴会开始时，先喝茶，然后再撤茶斟酒，本是相沿久远的旧规。喝茶，只是作为宴会的序曲。

到了20世纪，或更早一些，广东人与部分福建人把这种规程作了全方位的改造。绝大部分非正规的宴会与聚餐不以茶肴为主，而以各式各样的蒸、炸、煮、烤的点心为主，不再以茶为序曲。自始至终基本上不用酒，以喝茶贯串始终，称之为饮茶。随时间早晚而定又有早茶、午茶、夜茶之分。这一种饮茶风尚，一百多年来，自南往北，现在已席卷了大半个中国。

以上海而论，抗战之前，茶室仅有南京路永安公司楼下大东茶室等数家，现在恐怕已有数百家。我住在市郊结合部的田林地区，也有田林宾馆王中王餐厅、假日酒店等处供应饮茶。

在时间的安排上，经营者颇能采取机动灵活的办法，如淮海中路陕西路口的红牛休闲广场，最近推出了下午茶。现在可以说，几乎全天都有饮茶的地方了。

以社交为载体的喝茶，较上述情况更为普遍。在古代都市中，某些茶社、茶馆，往往各有其分属社会各阶层的特定的一批茶客。他们在这里喝茶的同时，互通信息，联络感情。四川省成都和重庆等大城市的市民，都有坐茶馆的习惯，茶馆是他们摆“龙门阵”最理想的场所。

到了20世纪，又出现了新的情况，许多社会团体甚至政府机关的下属部门，在举行纯属联络感情、增进友谊的集会时，当然不可能有十分严格的仪式，也没有具体的议程议题，大家则是一杯清茶，随便谈谈。因而就名之曰“茶话会”。

以娱乐为载体的茶文化，是指渊源于宋元时期的勾栏、瓦舍，都有茶供应观众。当然也有在古茶坊演戏的，元代戏文《宦门子弟错立身》有如下一段：

（看招子介）（白）：且作茶坊里，问个端的。茶博士过来。
（净上白）：茶迎三岛客，汤送五湖宾。

这就是过得硬的铁证了。明清两代勾栏、剧场供应茶，茶坊也演剧、唱曲，茶与娱乐何者为主何者为宾，有时很难分辨清楚。

到了清代嘉庆年间，京剧的兴起成为戏曲艺术发展史上一个高潮，也是中国剧场史上一个新纪元。北京的一部分茶园添设舞台，成为固定的剧场。以上海而论，当时最负盛名的京剧剧场如丹桂茶园、天仙茶园、新天仙茶园等，均以茶园名，但其主要业务则为演剧。可见茶与娱乐相互依存关系的密切程度。

上海在新中国成立以后，剧场从未在观众座次供应过茶，但曲艺演出采用传统形式供应茶水者仍有，如当年成都北路的沧州书场、八仙桥附近之雅庐等。

最有趣的是南京，夫子庙曾于辛亥革命之后出现过一家中华戏茶厅。把戏和茶都用来命名了，平时基本供应茶水，有时兼有戏曲清唱或曲艺演出。

在名胜古迹供应茶水，中国已沿袭多年，但在深山大泽往往只准备本地最具特色的品种，例如登武夷山，当然去品尝九曲红梅或乌龙，而在都市，正因为并不一定是名茶产地，反而有多种名茶可供挑选。江南各大都市景点如苏州拙政园、南京玄武湖、无锡鼋头渚、杭州平湖秋月、南昌滕王阁均是如此。上海市区景点如城隍庙湖心亭以及鲁迅公园等处，均有一般或较好的多种茶类供应。

以上所说实用型的都市茶文化虽然文化的气息比较淡薄，但对千家万户都会产生影响，能在每个光顾者的心坎里留下茶文化的美好感受或回忆，其中个别的人会由此受到感染，而进一步接受茶文化的熏陶。

艺术型都市茶文化

所谓都市，毫无例外的是政治、经济、文化都相对发达、人口相对集中的地方。当然，有些都市政治、经济、文化的发达并不那么平衡，而是有所倾斜。即使如此，由于大专院校、研究机构的设立，知识分子就比较多，政治经济的上层领导出身于大专院校的也不少。这就决定了都市茶文化不可能仅仅发展到实用型为止，而会继续有所提高，有所突破。

尤其是文学家、艺术家，还有确有文化修养的政治家、经济家、甚至军事家，或者宗教界的僧尼等，他们的喝茶往往十分考究品种、茶具、泉水，而且注意到了喝茶的同伴、环境、气氛等一系列主客观的条件。例如宋代的苏东坡、黄山谷，他们都学识渊博，诗文俱佳，也都是很懂得喝茶的人。再如元代的关汉卿，原是饱经沧桑而多少有点玩世不恭，尽管他自我嘲弄而自诩为“铜豌豆”，却很认真地要表白对于喝茶不是外行。他在《不伏老》中说：“花中消遣，酒内忘忧。分花，攧竹；打马，藏阄。”所谓“分花”，就是品茶。这些都是他的日常生活，内行得很。

明末，士大夫崇尚清淡，在小品文盛行的同时，对于喝茶的讲究可以说达到了一个高潮。张大复、袁宏道等人是其中的代表人物。张岱的《陶庵梦忆》、《西湖梦寻》二书都有不少都市茶文化的流风遗韵可以发掘。《闵老子茶》可能是最具特色的一篇。闵汶水是南京桃叶渡的一个老头子，喜喝茶，有名气。张岱去拜访他，闵汶水沏茶款待。对于茶的品种、泉水的出处、茶叶采撷的季节等，闵汶水故意不说真话，但张岱品味之后，却准确无误地讲了出来。闵汶水惊喜之余，两人成了莫逆之交。这一类佳话掌故还是很多的。清代曹雪芹《红楼梦》关于妙玉沏茶的描写，可以说明作者对于茶文化的造诣，达到了艺术型的一个高峰。

在上海，清末有一个县太爷名俞樾，堪称大名士。他就把书斋称为茶香室，把所写随笔称之为《茶香室丛钞》，连续出了很多卷。不言而喻，他是一面品尝佳茗一面写作的。

“五四”以来，文学家、艺术家嗜茶的甚多，原籍于江苏、浙江、安徽、江西、福建者尤为突出。周作人是浙江绍兴人，后来较长时期生活在北平，却仍爱故乡的茶。1935年还在上海天马书店出版了《苦茶随笔》。闻一多则有一句名言：“我的粮食是一杯苦茶。”

虽然最近一个时期，文学家、艺术家有些人追求西方生活情调，但仍旧热衷于茶文化的还是主流。

从另一方面说，“文革”以后，传统文化得到名实相符的尊重，都市茶文化对知识分子的深厚影响才开始有了些许反映。我认为，小说家艾煊1990年3月13日发表在《光明日报》的《茶性》是一篇颇有代表性的佳作。他把酒与茶所作的对比，则是前无古人的神来之笔。他说：“酒为豪狂式的宣泄，茶为含蓄蕴藉式的内向情感”。“一个是豪爽、犷猛，讲义气的汉子，一个是文静、宽厚，重情谊的书生。”“酒，饮前清香诱人，饮后浊气冲天……茶，饮前淡淡清气，渗透人体，弥漫于不易觉察的周围空间。”立论固然有偏爱，确也道出其中三昧。散文家何为同年发表在《随笔》第3期的《佳茗似佳人》，深得茶趣而妙语如珠，读来有品佳茗之快。

艺术型都市茶文化只有一个较小的层面，而且都是业余的客串性质的闯入了都市茶文化的圈子。但由于他们会产生名人效应，社会上乃至国际上有交往，他们自己又往往提笔为文，从不同方面来丰富都市茶文化的内容，扩大都市茶文化的影响，所以其作用和贡献是不可忽视的。

学术型都市茶文化

严格地说，实用型都市茶文化还处于都市茶文化的边缘地带，艺术型都市茶文化的文化品位较高，却仍旧只是一种自发的自流的行为，只有学术型都市茶文化才是都市茶文化的核心。在国家的经济腾飞到一定的程度之后，有关部门和有关专家对都市茶文化有计划地展开研究，这是必然的趋势。在此以前，茶的研究与论著仍是分散而无计划的。

既然是如此规模的研究，当然不可能局限于茶的消费形式，而要包括茶文化的全部历史，包括茶的生产、加工、运销、消费的全过程。从文化的视角加以审视，范围相当宽广。实用型和艺术型的都市茶文化在这里，也应该是研究的对象。

具体地说，杭州的中国茶叶博物馆的建成并开放，确是倡导都市茶文化的一大英明举措。根据报道，江西的九江在筹建全国最大的茶叶市场的同时，也在筹备另一个规模同样大的茶叶博物馆。如果安徽黄山市、福建安溪市、云南思茅市、江苏苏州市等处还没有建立茶叶博物馆的话，也应该及早筹备，尽可能早日建成。

上海等都市已经有了茶叶学会的组织，其他与茶叶有密切关系的都市都应该建立组织，进行各种性质的活动。

例如茶文化节，举行“茶与都市文化”学术研讨会，茶具、茶文化艺术品的展览等当然很有意义，今后持续举办，内容还可以进一步丰富。

在茶的生产、加工、运销、消费的四个环节之中，最被忽视的是运销。其实，像翁隆盛、汪裕泰等浙江、安徽商人开设的茶庄，对上海等地的经济繁荣，满足群众的生活需要，都曾起过重大作用。胡庆余堂的创始人胡雪岩有人为他写了详尽的传记，拍了电视剧。而这些茶庄的创办人却受到了冷落。出乎意外的是最近播放的电视剧《胡蝶》，提到阮玲玉和张达民离异，就与茶商唐季珊结合了，还详尽地描绘了胡蝶和林雪怀离婚，即与洋行供职的潘有声建立深厚的友谊。而此时，潘有声正在做茶叶生意。可见茶叶经营者在社会上很活跃，但关于唐季珊或潘有声经营茶叶的镜头一个也没有。

最近上海公布100个商业著名品牌，糖果、糕饼、黄酒、白酒、中药、西药的许多商标、生产字号都上了这个光荣榜，而竟找不到一家茶叶厂商，问题何在？令人困惑。

茶文化是中华民族文化中不可分割的重要组成部分，我们在这方面的研究已经跟不上形势，这局面如不扭转，最后必将影响茶叶事业的发展。

1993年，我去台湾参加学术研究，1996年、1997年我到澳大利亚、日本进行文学艺术方面的交流，时间较长，对茶文化的作用有了新的认识和感受。我发现茶文化对于海峡两岸的炎黄子孙也是一根良好的纽带，对促进民族团结、增强民族意识都有作用。另一方面，茶文化又是其他国家其他民族了解中国的一个比较方便的窗口，作用也不可低估。

个人认为，都市茶文化的三个层面该有所沟通。如果没有实用型、艺术型这两个层面，学术型这个层面的存在就毫无意义。离开了学术型的层面，实用型和艺术型的层面就不可能再有提高和丰富。

祝愿中国茶文化进一步发扬光大！

刘秋萍及其茶宴馆

上海最具特色的餐馆是哪一家？大多数会提出烧原汁原味上海本帮菜的老正兴，或招待过美国总统克林顿的绿波廊，当然，都有一定的道理，都可以成立。

但是，我心目中则另有所指。我认为刘秋萍在襄阳南路 500 号所开办的秋萍茶宴馆特别值得关注。刘秋萍是一位女士，她是中国茶道专业委员会常务理事，也担任过上海茶馆专业委员会主任。到过英国、斯里兰卡等以茶称著的许多国家。还曾编写过有关茶叶的专题电视纪录片十二集，在上海电视台多次播出。

她的名片十分别致，最显著的头衔是用绿色印于片头的“中国茶宴第一人”。

我们从前听说当年周总理曾请基辛格博士品尝过龙井炒虾仁，使基辛格感到十分开心而赞扬不已，以为秋萍茶宴馆也许只有这一道龙井烧虾仁，其实，花样多得很呢？

现在的秋萍茶宴馆有许许多多的包房，以供应茶宴的顾客。在或大或小的宴会正式开始之前，还有一个任何餐厅或茶馆都没有的前奏曲。那就是让服务员表演一次少则十多分钟多至一刻钟的茶艺，也就是让来客了解品茶的全过程，时间的长短由茶的品种所决定。

菜肴的品种也不少，我欣赏的是什锦拼盘，七八种菜，无论荤素，无论红烧、清蒸、凉拌，全是分别用的多种红茶、绿茶、普洱、铁观音等名茶为作料而制作的，吃到嘴里使你感到“舌尖上的中国”奇妙之至。

还有一道羹，是用绿茶的茶末做的，因为茶末极细极细，你只见茶的色泽，只闻到茶的香味，却不见茶叶。这一羹还具有视觉上的特殊造型，绿色、白色相互交接而呈太极图的样式，已经够精致的了。更精彩的事情还在后面，大家看到这样的情况，自然舍不得马上动手就吃。服务员上来替你每人一小碗，每人一小碗慢慢地分。为什么慢呢？顾客却很耐心而不着急。因为服务员实际上也是在表演，她分到你面前那一小碗羹，仍旧是一半白色、一半绿色的太极图状。第一次去品尝的人都不禁暗暗称奇。

除此之外，其他的菜肴也不胜枚举。秋萍茶宴馆每道菜的菜名也和其他馆子不一样，往往用一句唐诗或一句宋词命名。例如面条，他们用了一种特殊器皿，使面条不是平铺而呈垂直型。名之曰：疑是银河落九天。也有一个菜名“夜半钟声到客船”，基本上也符合造型。可见是用足了脑筋的。

茶宴馆的布置不是豪华，不是金碧辉煌，而是幽雅。有些包房还挂着现代文化名人的书画，我有一次在包房里发现了三十年前杜宣的墨宝被镶在镜框里。

虽然名为茶宴馆，实际上不举行宴会，单是茶品也完全可以。不过不是在包房，而是在一个大厅内。这个大厅布置得像个展览馆，不仅仅陈列名茶，还陈列了许多比较造型优美的紫砂壶，供茶客欣赏。至于十分名贵的壶，没有看到，不要说曼声壶了，蒋蓉制作的也没有，我认为刘秋萍担心放在大厅里不一定安全，所以就不陈列了。像她这样一辈子研究茶的人，不可能没有几件上品的茶具。

这里倒有一方十分大的徽砚，大概有人生品茶之后，文思井喷，要吟诗作文。刘秋萍就准备了文房四宝，让客人即兴发挥一下，正好留下来，增加一件为悬挂的书画。倒是两全其美的事情。

在这里品茶，茶都是精品，任何茶馆都不能与之竞争，环境之清净更与任何喧嚣的茶馆有天壤之别。即使有两三个知心朋友在这里叙谈，也都是斯斯文文交谈，绝对不影响邻座的茶客。我有一次去坐了三小时，品了两种不同的茶，真有“偷得浮生半日闲”的乐趣。

上海是特大城市，侨居在此欧美人士不少，他们有时也会品茶或茶宴。我遇到多次，大都在晚上。

话说回来，现在年轻人比较西方化，也有较多人对咖啡的兴趣超过茶，也有人只是喝立顿红茶，不是冲泡龙井碧螺春，不是冲泡普洱、铁观音，他们对秋萍茶宴馆自然不会成为常客。再说即使中年人、老年人，由于生活节奏较快，一旦产生了浮躁的心态，对秋萍茶宴馆也往往过门不入。

生活的费用，水、电、煤之类总的趋势是逐渐逐渐往上升，而茶宴的定价不可能太高。所以后来也供应海参或阳澄湖大闸蟹了。也许有顾客觉得在保持原来的特色这一前提之下，供应品种不妨有些扩展，所以后来也供应度数不高的茶酒了。原来的气氛稍稍有些改变，这也是无可奈何的事情。

几十年过去，刘秋萍本人已到了退休年龄，这个秋萍茶宴馆基本上交给她女婿在经营。偶尔有知名度很高的老茶客来，她女婿会通知她，她仍旧会兴致勃勃地赶来，和老茶客畅忆一番有关品茶的往事，或是交流一下有关茶的各方面信息。

2009 年 9 月 10 日，曾任上海文化局副局长的乐美勤从新加坡赶回上海。因为他 1962 年在上海戏剧学院攻读时，是我的学生，所以要为我庆祝九十岁诞辰，我婉谢，他仍执意要办。最后决定就在秋萍茶宴馆举行，菜肴比较简单，并不油腻，我也能接受。因为有名茶可品，大家谈笑风生，大概来了十位同班同学，有的已经担任了什么学院的院长，此时尚未退休。他们对秋萍茶宴馆的印象也很好，说以前还不知道上海有这样一家特色鲜明的馆子，以后还会来的。

那一天，刘秋萍本人也到包房里来了，和大家见了面。我知道，她会关照大厨，把菜肴尽可能弄得地道一点，所以大家喝得吃得都很对胃口，皆大欢喜。

汤兆基的茶缘与壶艺

汤兆基是一位艺术家，一般人只知道他曾被前辈艺术家钱君匋夸奖书、画、篆刻三绝，或者只知道他以画牡丹称著，有汤牡丹之称，殊不知他也是品茶和制壶艺术的专家，茶缘之深、壶艺之精，绝对出乎你的意料之外。

之所以会发生这种事情，有天时、地利、人和三方面的因素。他出生于世代书香之家，汤家书卷气浓厚，章太炎夫人名汤国梨，乃其同族同宗也。如出生于贫下中农，温饱都成问题，当然无暇顾到品茶、制壶。他是吴兴人，正好是唐代茶圣陆羽在此生活最长久的地方，陆羽流浪四方，颜真卿此时任太守，对陆羽生活上颇为关怀，彼此还在一起唱和。吴兴正好是产名茶的地方，至今安吉白茶仍闻名于世。汤兆基就是喝名茶长大成人的。虽然他出生于重庆，但很快就抗战胜利，随父母回故乡了。吴兴的邻县为宜兴，古称阳羡，乃历史悠久的中国陶都，自宋代开始，紫砂茶壶不仅风行于全中国，而且成了宫廷中必备的茶具。生活的环境、气氛都让他在不知不觉中爱上了茶，爱上了茶壶。他读书时，又遇上了名师申石伽，一位风流儒雅的名士。发现汤兆基是块好材料，于是特别予以悉心指导。随后又专心钻研白蕉的书法，追随钱君匋之际，已经进入了文化人的队伍。爱上品茶，爱上制壶的艺术乃是十分顺畅的过程。

现在他家中平时就贮藏了名茶多达二十几种，有一个专门放置茶叶的冰箱。一年四季，无论他自已品茶，还是接待来访的客人，都可以随季节的不同，品尝最适合于气候，亦即符合保健理念的一两个品种的名茶，供来客选择。

他自已一起床，进早餐之前，就先喝茶了，已成为六七十年来的习惯，改变不了。非如此不可。否则，浑身上下内外都不舒服。

近年来，湖州市的长兴也经常有茶文化的活动，当地都要请汤兆基参加，共襄盛举。2010年举办国际茶文化节，市政协办公厅主任姚新兴编写出版了一本内容极为丰富的《紫砂丹青》，全面而详细地论述了紫砂壶的产生及其发展的历史进程，学术性很强。其中有《兆基丹青》一章，则是汤兆基的传记。对于他历任多届上海市人大代表、政协委员等都是一笔带过，但叙说汤兆基对紫砂壶的热爱，并亲手绘画、亲手雕刻这些情况颇为精彩：

刀代笔，刻画线条。又是另外一种意义上的笔墨功夫。所谓“书魂画魂刀骨肉”，就是这个道理。在紫砂壶上刻，用刀的快慢、浮沉、宽窄、深浅、平仄，都会显现出不同的艺术效果和意境。

众所周知，在象牙、玉石上雕刻因面积、角度等问题而很难施展力度。紫砂很薄很脆，稍一不慎，壶就破碎了。所以非要刚柔结合地用力不可。要做到这一点，说说容易，确实有很高的难度。

据我所知，汤兆基对于艺术是全力以赴的，十分认真而细致，他的制壶刻壶经常还要深度介入烧窑这一工序，所以也经常要跑宜兴的丁蜀山窑厂。有时他绘画的瓷器，虽不用雕刻，他也去景德镇亲自把关。这种情况，外人当然不知道。

那一本厚厚的《紫砂丹青》，以《兆基丹青》这一章作结束，接下来，书的二分之一篇几乎是汤兆基制作、雕刻的紫砂壶的摄影，如《蔬果雀》、《芭蕉小鸟》、《梅雀》、《国色天香》、《葫芦》、《游鱼》等，有的是整个的茶壶，有的是画面的拓片，多尽其妙，美不胜收。

现在《文汇报》的副刊《笔会》，只有半个版面。最最居中的一个矩形位置则用一幅美术作品，倒也相映成趣。有一次就是用的汤兆基制作的茶壶的摄影作品。

汤兆基既然对茶、对茶壶如此热爱，如此有研究、有造诣，自然引起了上海茶叶学会的注意和尊重。学会的副秘书长张小霖曾登门拜访，与他作了长谈。汤兆基认为自己在《新民晚报》发表的那篇《品味湖州三色茶》，很难说明他对茶的深厚的感情，我也读过，所谓《三色茶》是指长兴顾渚山的紫笋茶、安吉龙王山的白茶和德清的黄芽茶。我品茶过紫笋茶、安吉白茶，但德清的黄芽茶则从未听到过，这是第一次听说，想必一定是上品，否则不可能与紫笋茶、白茶相提并论也。不知与霍山黄芽近似否？

汤兆基对张小霖说："好茶用好的紫砂壶来冲泡，便更富有诗意，在壶上题刻'兰气随风'，自然增添了持壶者的君子风度。"话说得很到位，我想一个人在焦躁烦闷的时刻，如果能持壶品茶，一定会逐渐定下心来，进入心旷神怡的境界。

汤兆基如今年逾古稀，依旧精力充沛，创作旺盛，我以为和他的茶缘深邃、壶艺精湛有关，谁会知道他早年还是肺结核病患者呢！

后 记

2011年，上海人民出版社杨柏伟先生陪同《旅游周报》主任编辑王路女士来采访我，彼此毫无拘束地谈了两三个小时，她后来发表了一篇访谈录，文笔妙趣横生，非常幽默，文章相当长，有三个版面。概括起来说，大致是这样的：这个老人这几年，读书写作都少了，主要是品品茶，听听昆曲，谈谈隐士，在繁华的大都市中，过着古代的生活。她的概括不可能十分全面，但基本上符合实际情况。

回忆起来，品茶在我的一生中的确是一个重要的组成部分，内容可以说丰富而多彩，从喜爱品茶开始，后来不知不觉，对茶发生了多方向的兴趣。于是，写了一些回忆中的品茶的生活片段。

有些事情仔细想想，十分有趣。日本汉学耆宿波多野太郎教授和创刊《花城》的苏晨总编辑都认为我身体瘦小而单薄，能熬过“文革”的长达十年的折磨，可能是因为戏看多了，在被拳打脚踢、打落全部牙齿之时，就以阿Q精神对待，自己认为在演戏，所以能想得开一些。这番议论不无道理。稍后《康复》、《大江南北》等报刊要写保养身体的所谓“秘诀”，我也谈起曾写过《以戏代药》这本书，并认为常熟虞山上那块“适可”两字的石碑，对我启发甚大，以饮食为例，美食奇珍，我也只是吃到七成，至多八成，就“适可”而止了。这两点固然可以成立，但是还有遗漏之处。

那是上海举行世博会期间，世博会的联合国馆展览陈列了中国十大名茶。联合国展览馆与上海茶叶学会等单位联合起来举办了中国茶寿星的评选活动，我意外地被邀参加，更意外地被评选为第007号中国茶寿星，获得了茶寿星证书。我认为这是不亚于某些学术领域“终身成就奖”的荣誉。也发现了生平爱茶，全是一种习惯，一旦养成，难以改变。当然根本没有想到从此对健康有莫大益处也。

也想到曾写过《美化心态的茶》一文。那是在一届上海国际茶文化节研讨会上的发言，并且公开发表了。这篇文章受到国内及德、法等国医学界的重视，更是我意料不到的事，邀我去到柏林、巴黎等处医学界的讨论会去做报告，我没有敢去。因为我毕竟仅仅是品茶的爱好者，茶对生理、医学的作用如何已经都写了出来，如果有专家和我交流，或者在大会发言时，台下再有人提出问题，我肯定回答不出，要大出洋相。这一点，我有自知之明。也许有人以为我摆架子，或者要“出场费”，我也只好默认下来，这种冤枉，无所谓，我承受得了。

最近这几年来，很多人感到生活节奏太快，感到难以适应，往往引发高血压、失眠或压抑等问题，于是我又写了《叹茶，享受慢生活》。

至于隐士，原本是我青年时期从事学术研究的第一个选题，接触了许多关于茶的历史文献之后，才知道从唐代起，几乎所有的隐士都热爱品茶，而且对茶都有研究，有的更是种茶、制茶的能手。而唐代的陆羽，则是《茶经》的作者，他与卢仝两人被茶界一致公认为祖师爷了。因此，我写了关于陆羽、林逋、倪瓒、陈眉公等一批古代隐士品茶的文章。

古典戏曲乃是我六十多年来研究的主要组成部分，不过从20世纪90年代开始，我才关心茶和戏曲的相互推动的关系。第一篇就被老友姚品文教授所推崇，她极为欣赏，台湾的戏曲界的教授们也有好评。因此，有关《玉簪记》、《牡丹亭》中茶文化的研究成果都是在台北的“国立”《戏曲学报》上发表的，他们做事非常规范化，还特地在寄我刊物的同时，寄给我论文的抽印本20册。

现在我这本小册子主要就是这些文章，我按照内容的不同，分成六组。不知是否合适？按10万字篇幅计算，大概不相上下，可能正好，还有些零星短文，不再收进来了。

但是，还有许多有关的往事我没有写成专文，在这里补叙一下：1933年，我到邻县宜兴（古称“阳羡”）读初中，又继续了整整一年童年时代的品茶生活。那个学校名江苏公立宜兴农林职业学校，校长黄希周是溧阳人，我外公的得意门生。因此，溧阳人去读书的很多。我的表舅周陛勳等都是，他本人在读高二。每逢星期天，我们到公园里去呆一个上午。因为公园里有一个图书室，藏书虽然不多，但以文艺书为主，比我们学校图书馆的文艺书多得多。管理员是一位女士，大概刚从师范或高中毕业，名张笑君。人如其名，不管工作多忙，她对阅览者、借书还书的人，都是一面孔微笑。我们对这大姐姐印象极好，所以每逢星期天上午必去，从不间断。刚好离图书室不远，还有一个环境幽美的茶馆，因此，我们一到公园总是找一张桌子，先各泡一壶茶，然后，轮流去图书馆阅览或借书、还书。当时不懂茶的种类、级别，只觉得喝得很舒服。大概是一种岕茶吧！

2008年，人民美术出版社出版《溧阳书画作品集》，同时于第9页与第27页收进了陈鸿寿书写的对联和我为李渔研究会的题词，也使我颇为兴奋。这位陈鸿寿（1768—1822），曾任溧阳县知事，号曼生，也是清代最负盛名的制壶高手。他烧制的壶，也称曼生壶，流传后世的并不多，已成了无价之宝的珍稀文物。我们两个人的书法作品能够先后并列，是一种幸运吧。妙的是李渔此人固然以戏曲理论称著，但对制茶、品茶，也很在行，这真是得来全不费功夫的巧合。

还有一件难忘的事，大概四五年前，我正在阅读一本已经颇为破旧的线装书《阳羡茗壶系》，因为是清刻本，我随手翻翻，并不太小心。此时此刻，正好上海图书馆的版本学专家陈先行来访，他注目良久，对我说："蒋老，你要轻脚轻手一点才好。"我说："清刻本没有什么稀罕。"他说："你就只知其一，不知其二了。你没有看到这刻本的字是朱红色的吗？这是书刻成之后，第一次试印的，才用朱红色。所以往往只有一本或两本。虽是清刻本，仍旧很珍贵。"告别之时，他主动把这本《阳羡茗壶系》带去，让修补线装书的专家，按照整旧如旧的原则，加以装帧。回到我手中的时候，显得格外完美，更为古色古香。从此以后，我阅读时，真的特别小心，不敢再轻视这本薄薄的清刻本了。

如此这般的有关茶的往事不少，一时之间实在说不完。最关键的是上海茶叶学会刘启贵先生、卢祺义先生、张小霖女士等茶界专家，他们是推手，否则我虽然爱茶，对茶的欣赏根本不得其门而入，更谈不上研究了。他们邀我参加了一次又一次的会议和有关活动，使我获得了许多知识和启发。现在我这个茶的门外汉，一只脚已经跨进来了。

这些文章曾先后发表于《文汇报》、《新民晚报》、《解放日报》、《澳门日报》和台北的《戏曲学报》等报刊，特此说明。

年逾古稀的越剧编剧吴兆芬女士，上师大毕业后，在上海戏剧学院研究班进修时（1962 年），听过我的课。古典文学家耿百鸣先生在华师大研究生答辩时（1984 年），我是答辩委员之一。他们两人一直尊称我为师，崇敬之至，得到茶中罕见极品时，一定要带来与我“奇茶共欣赏，妙趣相与析”。我之所以能写出这些对茶的感悟，他们俩贡献也甚多，不提一笔，心中不安也。

最后，我要对为此书写序的《文汇报·笔会》高级编辑潘向黎女士表示深切谢意，她是知名作家，在百忙中为我写了这篇美文，为此书生色不少。今由上海人民出版社赵蔚华女士责编出版，校正了若干错漏之处，提高了书的质量，我更由衷地感激。

2015 年 5 月 28 日

图书在版编目(CIP)数据

品茶的感悟/蒋星煜著.—上海:上海人民出版社,2015
(人文梅陇丛书)
ISBN 978-7-208-13032-6

Ⅰ.①品… Ⅱ.①蒋… Ⅲ.①茶叶-文化-中国-文集 Ⅳ.①TS971-53

中国版本图书馆CIP数据核字(2015)第118485号

责任编辑　赵蔚华
封面装帧　张志全

·人文梅陇丛书·
品茶的感悟
蒋星煜 著
世纪出版集团
上海人民出版社出版
(200001　上海福建中路193号　www.ewen.co)
世纪出版集团发行中心发行　常熟市新骅印刷有限公司印刷
开本 890×1240　1/32　印张 6.25　插页 4　字数 141,000
2015年6月第1版　2015年6月第1次印刷
ISBN 978-7-208-13032-6/I·1384
定价 28.00元